装饰工程制图

主　编　雷　翔　郭益萍
副主编　郭丽敏　李　亮
参　编　谢　京　索晓东

北京理工大学出版社
BEIJING INSTITUTE OF TECHNOLOGY PRESS

内 容 提 要

本书基于项目化教学方法编写，以培养"正确并高效地识图、制图"的专业核心能力为目标进行教学。基于长期教学实践和对教学规律的把握，本书从整体上分为两篇：第一篇是基础学习篇，以制图基本原理与方法和AutoCAD软件的基本操作为教学内容，强调把握原理、掌握工具、筑牢基础；第二篇是应用实训篇，以真实项目为导向，针对家具制图、建筑制图和室内装饰工程制图三大模块开展基于工作过程的制图实训，在传授知识、强化技能的过程中帮助学生认识工作岗位，熟悉工作流程，明确岗位要求，养成良好的职业品德和岗位素养。

本书可作为高等院校建筑室内设计专业、室内艺术设计专业和其他相近专业的教材，也可作为室内设计相关专业的教学用书，还可作为室内设计与施工从业人员和初学者的培训及参考用书。

版权专有　侵权必究

图书在版编目（CIP）数据

装饰工程制图 / 雷翔，郭益萍主编 .-- 北京：北京理工大学出版社，2021.8
ISBN 978-7-5763-0234-9

Ⅰ.①装… Ⅱ.①雷… ②郭… Ⅲ.①建筑装饰－建筑制图－高等学校－教材 Ⅳ.① TU238

中国版本图书馆 CIP 数据核字（2021）第 172953 号

出版发行 /	北京理工大学出版社有限责任公司
社　　址 /	北京市海淀区中关村南大街5号
邮　　编 /	100081
电　　话 /	（010）68914775（总编室）
	（010）82562903（教材售后服务热线）
	（010）68944723（其他图书服务热线）
网　　址 /	http://www.bitpress.com.cn
经　　销 /	全国各地新华书店
印　　刷 /	北京紫瑞利印刷有限公司
开　　本 /	787毫米×1092毫米　1/16
印　　张 /	15
字　　数 /	354千字
版　　次 /	2021年8月第1版　2021年8月第1次印刷
定　　价 /	58.00元

责任编辑 / 江　立
文案编辑 / 江　立
责任校对 / 周瑞红
责任印制 / 边心超

图书出现印装质量问题，请拨打售后服务热线，本社负责调换

前言

"正确并高效地识图、制图"是室内设计从业人员必备的基础技能之一，关系到正确理解和表达设计内容、通过图纸正确指导施工、与行业相关人员交流，是从事室内装饰设计与施工最基本、最重要的岗位能力。装饰工程制图课程正是以此为内容进行教学，是建筑室内设计和室内艺术设计的专业核心课程，属于课程体系的通用能力模块。基于编者长期教学实践和对教学规律的把握，本书从整体上分为两篇：第一篇是基础学习篇，以制图基本原理与方法和 AutoCAD 软件的基本操作为教学内容，强调把握原理、掌握工具、筑牢基础；第二篇是应用实训篇，以真实项目为导向，针对家具制图、建筑制图和室内装饰工程制图三大模块开展基于工作过程的制图实训，在传授知识、强化技能的过程中帮助学生认识工作岗位，熟悉工作流程，明确岗位要求，养成良好的职业品德和岗位素养。

基于以上理念，本书编写主要遵循以下三个原则：

1. 方法学习和技能锤炼并重。如果单纯强调练习和作业，制图教材就会沦为"临摹本"，并且缺乏方法的指引，学习效果不佳；但也有的教材过多地罗列理论知识，可供练习的内容太少，又会让学生无从下手。本书每一个模块都以原理为导向，以方法为框架，配以充实的实践内容，强调精讲多练。

2. 强调过程的程序化、内容的标准化和方法的模式化。本书把装饰工程制图的每个学习模块分析归纳成一个技能体系，将体系中的每个技能点都进行科学合理的分解，让教与学的每个环节都目标明确、清晰可控。

3. 强调校企合作的深度参与和课程体系的充分衔接。书中的全部工程案例均来自校企合作的实际落地项目，案例图纸均经过施工检验、来自行业一线，真正实现课堂所学即岗位所需，实现课堂教学和生产实践的无缝对接。同时，全部案例都有从施工图到效果图再到施工全过程照片的完整配套资料，通过图纸与工地现场照片的对比学习，可以极大提升学生对施工图纸的理解，也实现了与"装饰材料""装饰构造"和各类设计实训类课程的深度融合与衔接。

同时，本书可与江西省在线开放课程"装饰工程制图"配套使用，在线学习平台网址为 https://mooc1-1.chaoxing.com/course/202882590.html，也可以在手机上打开"学习通"APP，输入邀请码 32290071，进入课程。学习平台中提供课程全部教学内容和资源，可供老师和同学们学习使用。

本书由江西应用技术职业学院雷翔和郭益萍担任主编，由郭丽敏和李亮（赣州三星装饰企业专家）担任副主编，谢京和索晓东参与本书部分章节编写。同时，书中引用了一部分其他教材中的案例，在此表示诚挚的感谢！由于时间仓促，编者水平有限，书中难免会存在不足之处，希望各位专家同行和读者批评指正。

编 者

目录

基础学习篇

模块 1　制图基础 ·· 2
1.1　房屋建筑制图的相关国标 ··· 3
1.2　画法基础 ··· 17
1.3　投影基础 ··· 27
1.4　轴测投影图基础 ··· 44
1.5　透视图基础 ·· 60

模块 2　AutoCAD 软件基础 ·· 78
2.1　基础概念 ··· 79
2.2　辅助工具和尺寸标注 ··· 91
2.3　基本命令与操作 ··· 96
2.4　进阶命令与操作 ··· 108
2.5　AutoCAD 软件基础练习 ··· 120

应用实训篇

模块 3　家具制图实训 ··· 132
3.1　家具制图的类型 ··· 133
3.2　家具制图的过程 ··· 139
3.3　家具制图实训案例 ·· 145

模块 4 建筑制图实训 150
4.1 基础概念 151
4.2 建筑施工图内容 157
4.3 建筑制图实训案例 178

模块 5 室内装饰工程制图实训 184
5.1 基础概念 185
5.2 室内装饰施工图内容 189
5.3 室内装饰工程制图实训案例 231

参考文献 233
后记 234

基础学习篇

"装饰工程制图"是一门技能型的课程,以室内装饰工程识图与制图为教学的内容。但是技能的训练,离不开理论和方法的指引、工具和技法的把握。如果同学们在制图原理不明、制图国标不清、软件掌握生疏的情况下,就盲目地开始成套图纸的实训练习,必定会浪费一定的时间和精力,且达不到预期的效果。正所谓磨刀不误砍柴工,在开始大量的图纸练习之前,有必要对装饰工程制图的相关概念、原理、画法、内容、相关国家标准,以及 AutoCAD 软件的基本操作等基础知识和技能进行梳理学习,在透彻理解的基础上再进行基于真实项目的系统实训,才是正确的学习方法。

模块1　制图基础

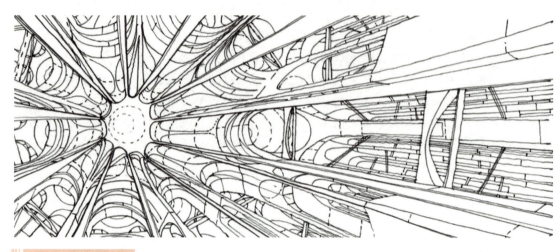

模块任务描述

　　本模块主要包含两个方面的内容：一方面，学习和掌握房屋建筑制图的统一标准，即常说的国家制图标准，其意义在于通过标准化的制图语言来准确识读行业图纸和表达设计内容，让人们可以有法可依、精准高效地识图和制图；另一方面，学习和掌握几何作图、投影图、轴测图、透视图等的基本原理与作图技法，虽然其中很多内容都是手工制图的形式，但作为基础的制图训练，可以为即将开始的装饰工程制图实训打下坚实的理论和技法基础，培养良好的制图思维、训练动手能力，并且养成严谨细致的工作态度和职业素养。

学习任务关系图

1.1 房屋建筑制图的相关国标

应知理论：《房屋建筑制图统一标准》（GB/T 50001—2017）的意义、基本内容和识读方法。
应会技能：《房屋建筑制图统一标准》（GB/T 50001—2017）在建筑制图中的具体运用。
应修素养：树立规则意识，建立标准观念，培养严谨认真的工作态度。
学习任务描述：
1. 掌握图幅、图线、字体、比例、建筑轴线、尺寸标注、常用符号的相关标准、含义和用法。
2. 尝试在案例图纸中找到所学制图国标的具体运用。
3. 完成课后思考题和配套练习。

1.1.1 图纸幅面规格

1. 图幅与图框

图纸幅面即图纸的大小。图纸幅面有 A0、A1、A2、A3、A4 五种规格，各规格图纸幅面尺寸和图框形式、图框尺寸都有明确规定，具体规定见表 1.1.1，并应符合图 1.1.1 的格式。

表 1.1.1　图纸幅面与图框尺寸　　　　　　　　　　　　　　　　　　　　mm

尺寸代号 \ 幅面代号	A0	A1	A2	A3	A4
$b\times l$	841×1 189	594×841	420×594	297×420	210×297
c	10		5		
a	25				

注：表中 b 为幅面短边尺寸，l 为幅面长边尺寸，c 为图框线与幅面线间宽度，a 为图框线与装订边间宽度。

长边作为水平边使用的图幅称为横式图幅，短边作为水平边使用的图幅称为立式图幅。在确定一项工程所用的图纸大小时，不宜多于两种规格。目录及表格所用的 A4 图幅，可不受此限。图纸的短边一般不应加长，长边可加长，但应符合表 1.1.2 的规定。

表 1.1.2　图纸边长加长尺寸　　　　　　　　　　　　　　　　　　　　mm

图幅代号	长边尺寸	长边加长后尺寸					
A0	1 189	1 486 (A0+1/4l)	1 783 (A0+1/42l)	2 080 (A0+3/4l)	2 378 (A0+l)		
A1	841	1 051 (A1+1/4l)	1 261 (A1+1/2l)	1 471 (A1+3/4l)	1 682 (A1+l)	1 892 (A1+5/4l)	2 102 (A1+3/2l)
A2	594	743 (A2+1/4l)	891 (A2+1/2l)	1 041 (A2+3/4l)	1 189 (A2+l)	1 338 (A2+5/4l)	1 486 (A2+3/2l)
		1 635 (A2+7/4l)	1 783 (A2+2l)	1 932 (A2+9/4l)	2 080 (A2+5/2l)		
A3	420	630 (A3+1/2l)	841 (A3+l)	1 051 (A3+3/2l)	1 261 (A3+2l)	1 471 (A3+5/2l)	1 682 (A3+3l)	1 892 (A3+7/2l)

注：有特殊需要的图纸，可采用 $b\times l$ 为 841 mm×891 mm 与 1 189 mm×1 261 mm 的幅面。

图纸中应有标题栏、图框线、幅面线、装订边线和对中标志。图纸的标题栏及装订边的位置，横式图幅应符合图 1.1.1（a）～（c）的规定；立式图幅应符合图 1.1.1（d）～（f）的规定。

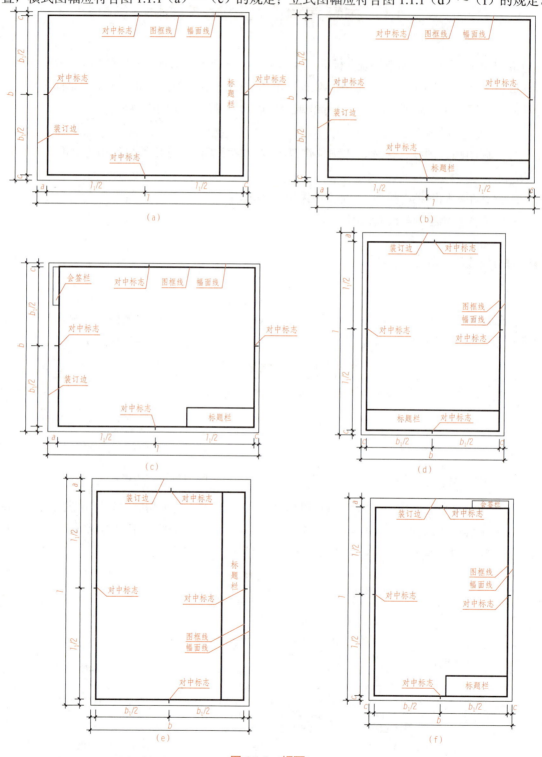

图 1.1.1　幅面

（a）A0～A3横式幅画（一）；（b）A0～A3横式幅画（二）；（c）A0～A1横式幅画（三）；
（d）A0～A4立式幅画（一）；（e）A0～A4立式幅画（二）；（f）A0～A2立式幅画（三）

应根据工程的需要选择确定标题栏、会签栏的尺寸、格式及分区。当采用图 1.1.1（a）（b）（d）（e）布置时，标题栏应按图 1.1.2（a）（b）所示布局；当采用图 1.1.1（c）及图 1.1.1（f）布置时，标题栏、签字栏应按图 1.1.2（c）（d）及图 1.1.3 所示布局。签字栏应包括实名列和签名列。

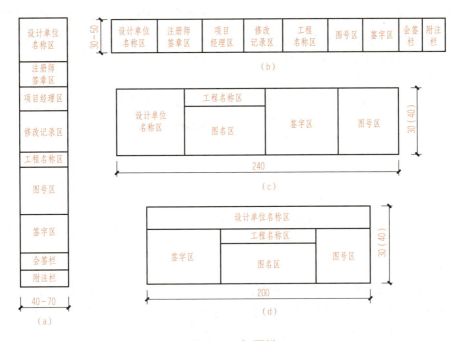

图 1.1.2　标题栏

微课：图幅

图 1.1.3　会签栏

2. 图纸类型

（1）白图。白图是指建筑专业已基本完成设计，还未经过图纸校核等程序，未完成最终出图手续，但迫于工地的工期要求，需提前提供的图纸。这种图纸因为不是正式图，没有保留价值，所以，往往采用复印方式出图，图纸通常采用白纸，因此称为"白图"。白图一般采用墨粉打印，相对而言成本较高，在未完全确定施工图之前经常使用，也是某些边设计边施工的项目常采用的图纸形式（因为变动比较大）。白图不可以作为竣工图交档案馆存档。

（2）硫酸图。硫酸图是指用硫酸纸出的图。硫酸纸是一种专业用于工程描图及晒版的半透明且表面没有涂层的纸，又称为描图纸。硫酸纸在工程中通常用来制作底图，再晒制为蓝图使用。硫酸图纸具有纸质纯净、强度高、透明度好、不易变形、耐晒、耐高温、抗老化等特点，广泛应用于手工描绘、走笔/喷墨式 CAD 绘图仪、工程静电复印、激光打印、美术印刷、档案记录、晒图、印刷设计制版、礼品包装、相册内页、胶印、烫金、丝印、移印等。

硫酸纸有 63gA4、63gA3、73gA4、73gA3、83gA4、83gA3、90gA4、90gA3 等多种规格。

（3）蓝图。蓝图是对工程制图的原图描图、晒图和薰图后生成的复制品，因用碱性物质显影后产生蓝底紫色的晒图效果，故被称为"蓝图"。蓝图主要用于工程图纸复制和文件资料归档。蓝图类似照相用的底片，具有易于保存、不会模糊、不会掉色、不易被玷污、不能修改、价格低廉等特点。

【注】 由于蓝图不能修改，因此白图替代不了蓝图。蓝图在加盖相关单位的出图章之后，是具有法律效应的文件，后续的施工、存档、定责都以该文件为准。具有法律效应的文件，是不能随意更改的。

1.1.2 图线

在工程制图中，为了表达工程图样的不同内容，并使图面主次分明、层次清楚，要使用不同的线宽与线型。

1. 线宽

图线的基本线宽 b，宜按照图纸比例及图纸性质从 1.4 mm、1.0 mm、0.7 mm、0.5 mm 线宽系列中选取。每个图样，应根据复杂程度与比例大小，先选定基本线宽 b，再选用表 1.1.3 中相应的线宽组。同一张图纸内，相同比例的各图样应选用相同的线宽组。

表 1.1.3　线宽组　　　　　　　　　　　　　　　　　　　　　　　　mm

线宽比	线宽组			
b	1.4	1.0	0.7	0.5
$0.7b$	1.0	0.7	0.5	0.35
$0.5b$	0.7	0.5	0.35	0.25
$0.25b$	0.35	0.25	0.18	0.13

【注】 （1）需要缩微的图纸，不宜采用 0.18 mm 及更细的线宽；

（2）同一张图纸内，各不同线宽中的细线，可统一采用较细的线宽组的细线。

图纸的图框和标题栏线可采用表 1.1.4 的线宽。

表 1.1.4　图框线与标题栏线宽

幅面代号	图框线	标题栏外框线对中标志	标题栏分格线幅面线
A0、A1	b	$0.5b$	$0.25b$
A2、A3、A4	b	$0.7b$	$0.35b$

2. 线型

工程图中的线型有实线、虚线、单点长画线、双点长画线、折断线和波浪线等多种类型，并分为粗、中粗、中、细四种宽度，用不同的线型与线宽来表示不同的内容。各种线型的规定及一般用途见表 1.1.5。

表 1.1.5 线型的具体规定

名称		线型	宽度	用途
实线	粗		b	主要可见轮廓线
	中粗		$0.7b$	可见轮廓线、变更云线
	中		$0.5b$	可见轮廓线、尺寸线
	细		$0.25b$	图例填充线、家具线
虚线	粗		b	见各有关专业制图标准
	中粗		$0.7b$	不可见轮廓线
	中		$0.5b$	不可见轮廓线、图例线
	细		$0.25b$	图例填充线、家具线
单点长画线	粗		b	见各有关专业制图标准
	中		$0.5b$	见各有关专业制图标准
	细		$0.25b$	中心线、对称线、轴线等
双点长画线	粗		b	见各有关专业制图标准
	中		$0.5b$	见各有关专业制图标准
	细		$0.25b$	假想轮廓线、成型前原始轮廓线
折断线			$0.25b$	断开界线
波浪线			$0.25b$	断开界线

3. 其他注意要点

相互平行的图例线，其净间隙或线中间隙不宜小于 0.2 mm；虚线、单点长画线或双点长画线的线段长度和间隔，宜各自相等；单点长画线或双点长画线，当在较小图形中绘制有困难时，可用实线代替；单点长画线或双点长画线的两端，不应采用点；点画线与点画线交接或点画线与其他图线交接时，应采用线段交接；虚线与虚线交接或虚线与其他图线交接时，应采用线段交接。虚线为实线的延长线时，不得与实线相接；图线不得与文字、数字或符号重叠、混淆，不可避免时，应首先保证文字的清晰。

微课：图线

1.1.3 字体

图纸上所需书写的文字、数字或符号等，均应笔画清晰、字体端正、排列整齐；标点符号应清楚正确。

1. 汉字

图样及说明中的汉字，宜优先采用 True type 字体中的宋体字型，采用矢量字体时应为长仿宋体字型，如图 1.1.4 所示。同一图纸字体种类不应超过两种。矢量字体的宽高比宜为 0.7，且应符合表 1.1.6 的规定，打印线宽宜为 0.25～0.35 mm；True type 字体宽高比宜为 1。大标题、图册封面、地形图等的汉字，也可书写成其他字体，但应易于辨认，其宽高比宜为 1。

图 1.1.4　长仿宋体示范

表 1.1.6　长仿宋体字高宽关系

字高	3.5	5	7	10	14	20
字宽	2.5	3.5	5	7	10	14

2. 字母与数字

图样及说明中的字母、数字，宜优先采用 True type 字体中的 Roman 字型。当需写成斜体字时，其斜度应是从字的底线逆时针向上倾斜 75°；斜体字的高度和宽度应与相应的直体字相等；字高不应小于 2.5 mm；数量的数值注写，应采用正体阿拉伯数字。各种计量单位凡前面有量值的，均应采用国家颁布的单位符号注写。单位符号应采用正体字母；分数、百分数和比例数的注写，应采用阿拉伯数字和数字符号；当注写的数字小于 1 时，应写出个位的"0"，小数点应采用圆点，齐基准线书写，如图 1.1.5 所示。

微课：字体

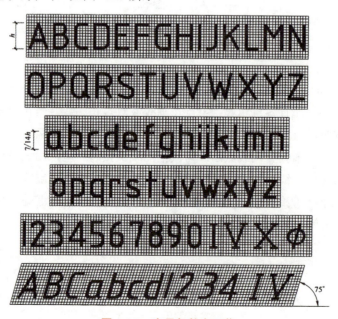

图 1.1.5　字母与数字示范

1.1.4 比例

在工程图样中往往不可能将图形画成与实物相同的大小，只能按一定比例缩小或放大所要绘制的工程图样。因此，比例就是指图形与实物相对应的线性尺寸之比，即图距：实距＝比例。无论是放大或是缩小，比例关系在标注时都应把图中量度写在前面，实物量度写在后面，比值大于1的比例，称为放大比例，如5：1。比值小于1的比例，称为缩小比例，如1：100，比值为1的比例为原值比例，如1：1。无论采用什么比例绘图，标注尺寸时必须标注形体的实际尺寸，如图1.1.6所示。

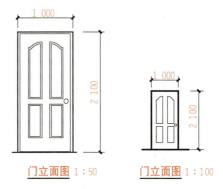

图 1.1.6　同一图形的不同比例

绘图所用的比例应根据图样的用途与被绘对象的复杂程度，从表1.1.7中选用，并应优先采用表中常用比例。

表 1.1.7　绘图所用的比例

常用比例	1：1、1：2、1：5、1：10、1：20、1：30、1：50、1：100、1：200、1：500、1：1 000、1：2 000
可用比例	1：3、1：4、1：6、1：15、1：25、1：40、1：60、1：80、1：250、1：300、1：400、1：600、1：5 000、1：10 000、1：20 000、1：50 000、1：100 000、1：200 000

一般情况下，一个图样应选用一种比例。根据专业制图需要，同一图样可选用两种比例。特殊情况下也可自选比例，这时除应注出绘图比例外，还应在适当位置绘制出相应的比例尺。需要缩微的图纸应绘制比例尺。

比例宜注写在图名的右侧，字的基准线应取平；比例的字高宜比图名的字高小一号或二号（图1.1.7）。

图 1.1.7　比例的注写

微课：比例

1.1.5 尺寸标注

尺寸是图样的重要组成部分，也是进行施工的依据，因此，国标对尺寸的标注、画法都做了详细的规定，设计制图时应遵照执行。尺寸标注由尺寸界线、尺寸线、尺寸起止符号、尺寸数字四要素组成，如图1.1.8所示。

图 1.1.8　尺寸标注的组成与界线距离

尺寸界线应用细实线绘制，应与被注长度垂直，其一端应离开图样轮廓线不小于 2 mm，另一端宜超出尺寸线 2～3 mm。必要时，图样轮廓线可用作尺寸界线。

尺寸线应用细实线绘制，应与被注长度平行，两端宜以尺寸界线为边界，也可超出尺寸接线 2～3 mm。图样本身的任何图线均不得用作尺寸线。尺寸起止符号一般应用中粗斜短线绘制，其倾斜方向应与尺寸界线成顺时针 45°角，长度宜为 2～3 mm。

尺寸数字一律用阿拉伯数字注写，尺寸单位一般为 mm，在绘图中不用标注。尺寸数字是指工程形体的实际大小而与绘图比例无关。尺寸数字一般标注在尺寸线中部的上方，字头朝上；竖直方向尺寸数字应注写在尺寸线的左侧、字头朝左。

尺寸宜标注在图样轮廓线以外。互相平行的尺寸线，应从被标注的图样轮廓线由近向远整齐排列，较小尺寸应离轮廓线较近，较大尺寸应离轮廓线较远。图样轮廓线以外的尺寸线，距图样最外轮廓线之间的距离不宜小于 10 mm。平行排列的尺寸线的间距宜为 7～10 mm，并应保持一致。总尺寸的尺寸界线，应靠近所指部位，中间的分尺寸的尺寸界线可稍短，但其长度应相等。此外，最内侧为定形尺寸，中间为定位尺寸（轴线间距），最外侧为总尺寸，如图 1.1.9 所示。

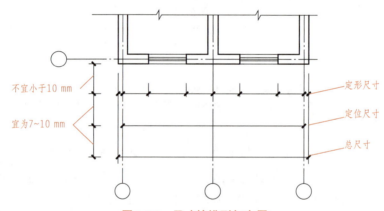

图 1.1.9　尺寸的排列与布置

半径的尺寸线，应一端从圆心开始，另一端画箭头指向圆弧。半径数字前应加注半径符号"R"。圆及大于半圆的圆弧应标注直径，在直径数字前，应加符号"φ"。在圆内标注的直径尺寸线应通过圆心，两端箭头指向圆弧；较小圆的直径尺寸，可标注在圆外。

角度的尺寸线是圆心在角顶点的圆弧，尺寸界线为角的两条边，起止符号应以箭头表示，角度数字应水平方向书写。

微课：尺寸标注

标注坡度时，在坡度数字下应加注坡度符号——单面箭头，一般应指向下坡方向。坡度也可以用直角三角形形式标注。

半径、直径、角度与坡度标注如图 1.1.10 所示。

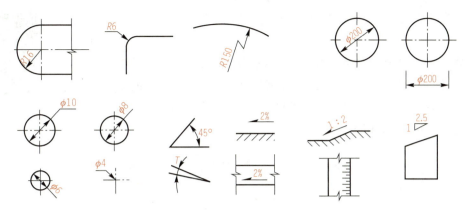

图 1.1.10　半径、直径、角度与坡度标注

1.1.6　符号

1. 建筑定位轴线及编号

在建筑施工图中，将用来表示承重的墙或柱子位置的中心线称定位轴线。定位轴线应用 $0.25\,b$ 线宽的单点长画线绘制，定位轴线应编号，编号应注写在轴线端部的圆内，圆应用 $0.25\,b$ 线宽的实线绘制，直径宜为 8～10 mm。轴线编号注写的原则是：水平方向，由左至右用阿拉伯数字顺序注写；竖直方向，由下而上用拉丁字母注写，国标中规定，英文字母 I、O、Z 不得用作轴线编号，如图 1.1.11 所示。由轴线形成的网格称轴线网。

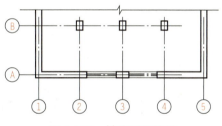

图 1.1.11　轴线网及编号

在建筑物中有些次要承重构件，往往不处在主要承重构件形成的轴线网上，这种构件的轴线编号用分数表示称为附加轴线，如图 1.1.12 所示。附加轴线编号中分母表示主要承重构件编号；分子表示主轴线后或前的第几条附加轴线的编号。

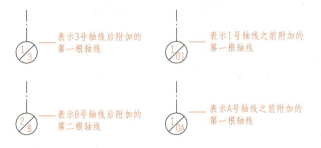

图 1.1.12　附加轴线及编号

微课：建筑轴线

2. 标高

为说明图纸中某一表面的高度常用标高符号表明。标高有两种形式：一是绝对标高，即以我国黄海平面为零点的测绘标高，宜用涂黑的三角形表示；二是建筑标高（又称相对标高），

是以房屋建筑底层主要地面为零点进行计算高程的标高,以等腰直角三角形表示。

标高数字应以米为单位,注写到小数点以后第三位;在总平面图中,可注写到小数点以后第二位。零点标高应注写为 ±0.000,正数标高不注"＋",负数标高应注"－",如 3.000、-0.600。绝对标高与建筑标高的具体画法与标注方法,如图 1.1.13 所示。

微课:标高索引

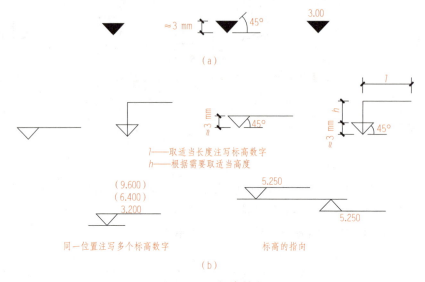

图 1.1.13　标高符号

(a) 绝对标高画法与标注；(b) 建筑标高画法与标注

3. 剖切符号

剖切符号是剖面剖切的索引符号。建(构)筑物剖面图的剖切符号应注在 ±0.000 标高的平面图或首层平面图上,局部剖切图(不含首层)、断面图的剖切符号应注在包含剖切部位的最下面一层的平面图上。剖切符号有以下两种形式:

(1) 国际通用方法(宜优先采用),剖面剖切索引符号应由直径为 8～10 mm 的圆和水平直径及两条相互垂直且外切圆的线段组成,水平直径上方应为索引编号,下方应为图纸编号,线段与圆之间应填充黑色并形成箭头表示剖视方向,索引符号应位于剖线两端；断面及剖视详图剖切符号的索引符号应位于平面图外侧一端,另一端为剖视方向线,长度宜为 7～9 mm,宽度宜为 2 mm。剖切线与符号线线宽应为 0.25 b,需要转折的剖切位置线应连续绘制,剖号的编号宜由左至右、由下向上连续编排,如图 1.1.14 所示。

(2) 我国常用方法,由剖切位置线及剖视方向线组成,均应以粗实线绘制,线宽宜为 b。剖切位置线的长度宜为 6～10 mm；剖视方向线应垂直于剖切位置线,长度应短于剖切位置线,宜为 4～6 mm。绘制时,剖视剖切符号不应与其他图线相接触。剖视剖切符号的编号宜采用粗阿拉伯数字,按剖切顺序由左至右、由下向上连续编排,并应注写在剖视方向线的端部。需要转折的剖切位置线,应在转角的外侧加注与该符号相同的编号,如图 1.1.15 所示。

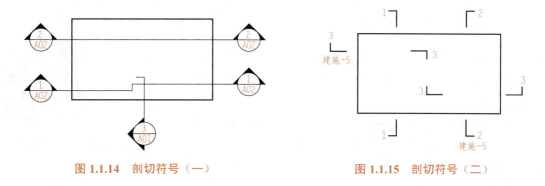

图 1.1.14 剖切符号（一）　　　　图 1.1.15 剖切符号（二）

4. 索引符号与详图符号

在建筑施工图中，对某些需要放大说明的部位，使用详图索引符指明；对放大后的详细图样，同样要用标志符表明。详图索引与详图标志符注写时要互相对应，以便于查找与阅读有关的图样。索引符号为直径 8～10 mm 的细线圆；详图符号为直径 14 mm 的粗线圆。其注写方法如图 1.1.16 所示。

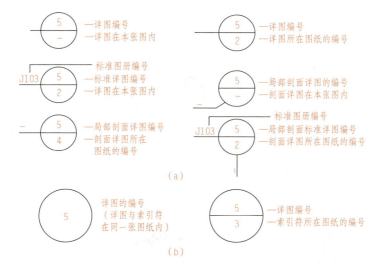

图 1.1.16 索引符号与详图标志符号

（a）索引符号；（b）标志符号

5. 引出线

对建筑材料、构造做法及施工要求等投影无法表明的问题要用引出线引出，并用文字注解进行说明。引出线引出方式及注解方法如图 1.1.17 所示。

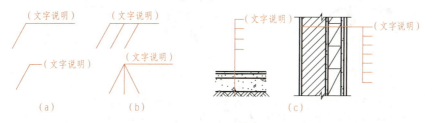

图 1.1.17 引出线与注解

（a）直接引出；（b）共同引出；（c）分层引出

6. 其他符号

对称符号应由对称线和两端的两对平行线组成。对称线应用单点长画线绘制，线宽宜为 0.25b；平行线应用实线绘制，其长度宜为 6～10 mm，每对的间距宜为 2～3 mm，线宽宜为 0.5b；对称线应垂直平分于两对平行线，两端超出平行线宜为 2～3 mm。

连接符号应以折断线表示需连接的部分。两部位相距过远时，折断线两端靠图样一侧应标注大写英文字母表示连接编号。两个被连接的图样应用相同的字母编号。

指北针的圆的直径宜为 24 mm，用细实线绘制；指针尾部的宽度宜为 3 mm，指针头部应注"北"或"N"字。需用较大直径绘制指北针时，指针尾部的宽度宜为直径的 1/8。

指北针与风玫瑰结合时宜采用互相垂直的线段，线段两端应超出风玫瑰轮廓线 2～3 mm，垂点宜为风玫瑰中心，北向应注"北"或"N"字，组成风玫瑰所有线宽均宜为 0.5b。

对图纸中局部变更部分宜采用云线，并宜注明修改版次。修改版次符号宜为边长 0.8 cm 的正等边三角形，修改版次应采用数字表示。变更云线的线宽宜按 0.7b 绘制。以上符号如图 1.1.18 所示。

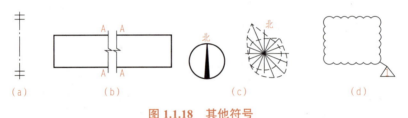

图 1.1.18 其他符号

（a）对称符号；（b）连接符号；（c）指北针，风玫瑰；（d）变更云线
注：1 为修改次数。

7. 图例

一些常见的、主要的建筑结构图例如图 1.1.19 所示。

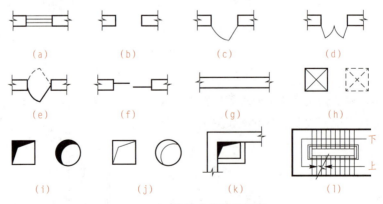

图 1.1.19 常见建筑结构图例

（a）窗口；（b）空门洞；（c）单扇门；（d）双扇门；（e）双面弹簧门；
（f）推拉门；（g）墙体；（h）检查孔；（i）孔洞；（j）坑槽；（k）烟道；（l）楼梯

思考与总结

1. 为什么要制定《房屋建筑制图统一标准》（GB/T 50001—2017）？没有统一标准会怎么样？在学习装饰工程制图之前，为什么要学习房屋建筑制图的统一标准？
2. 国标规定图纸的幅面有几种规格？它们之间有什么关系？
3. 房屋建筑制图中有哪几种常用线型？线宽分为哪几种？
4. 国标对汉字和字母/数字的字体有什么规定？常用的字号有哪些？
5. 尺寸标注有哪四要素？什么是定形尺寸、定位尺寸和总尺寸？
6. 剖切索引符号和详图索引符号的具体形式与用法是什么？

课后练习

根据国家标准的要求，利用不同粗细的针管笔绘制下面两张图纸（图 1.1.20、图 1.1.21）。要求线型和线宽绘制准确、线条清晰、交接正确。

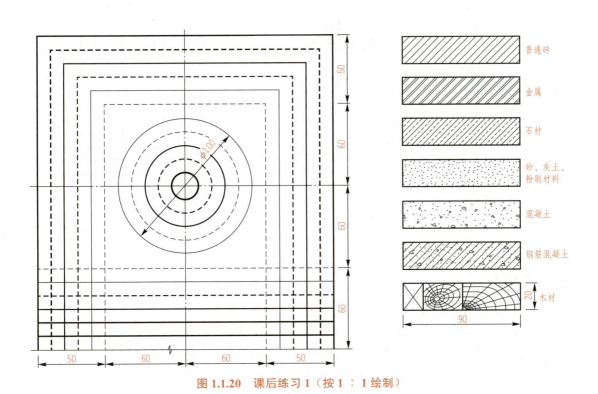

图 1.1.20　课后练习 1（按 1∶1 绘制）

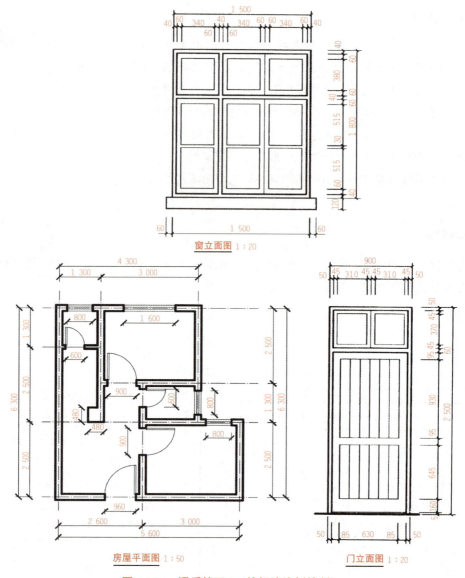

图 1.1.21 课后练习 2（按标注比例绘制）

评价反馈

1. 学生自我评价及小组评价

（1）是否明确学习制图国标的意义和作用？ □是 □否

（2）是否理解和掌握房屋建筑制图统一标准的相关内容？ □是 □否

（3）是否能够在具体的图纸中指出你所学习过的国标内容？ □是 □否

参评人员（签名）：_____

2. 教师评价

教师具体评价：

评价教师（签名）：_____　　　　　　　　　　　　年　月　日

> **知识面拓展**

在本课程的学习平台中下载一套装饰工程图纸（用手机打开"学习通"APP，输入邀请码32290071，即可进入课程），分析图纸中运用了哪些制图标准。（也可以自己上网查找项目案例和配套图纸。）

1.2　画法基础

应知理论：理解和掌握徒手制图与几何画法的基本原理。
应会技能：掌握制图工具的用法，掌握徒手制图和几何画图的基本技法。
应修素养：熟悉工具使用，熟练作图方法，提高动手能力。
学习任务描述：
1. 了解和掌握手工画图工具的种类与用法，明确计算机制图的工具软件。
2. 学习并熟练徒手画图和几何制图的相关内容。
3. 完成课后思考题和配套练习。

1.2.1　制图工具

1. 手工制图工具

在计算机普及的今天，工程领域已经很少采用手工制图了。但是对于初学者来说，练习手工制图是非常必要又有意义的学习过程和方法。手工制图要用到笔、尺、圆规、图板等绘图工具和仪器，正确使用制图工具是保证绘图质量和加快绘图速度的重要条件。

（1）图板、丁字尺和三角板。图板、丁字尺和三角板的用法如图 1.2.1 所示。图板是用来铺放与固定图纸的垫板，要求表面平整光洁，边角平直，便于丁字尺上下移动的导向。

丁字尺是水平线的长尺。尺头紧靠图板左侧的导向边，移动到所需画线的位置，自左向右画水平线。

三角板除直接画直线外，也可配合丁字尺画垂直线和与水平线成30°、45°、60°的倾斜线；两块三角板配合还可画出与水平线成15°、75°的倾斜线，如图 1.2.1（b）所示。

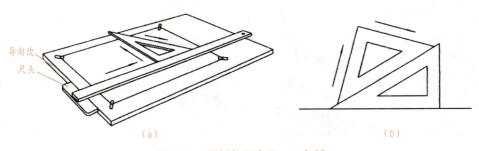

图 1.2.1　图板与丁字尺、三角板

（2）圆规与分规。

1）圆规是画圆或圆弧的工具。使用圆规时应先调整针脚，使针脚尖略长于铅芯。画圆时，应将圆规向前进方向稍微倾斜；画较大的圆时，应使圆规两脚都与纸面垂直。

2）分规是用来量取线段的长度和分割线段、圆弧的工具。图 1.2.2 是用分规采用试分法五等分直线段 AB。等分圆弧的方法与等分线段的方法类似。

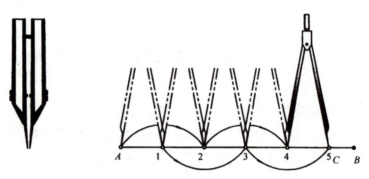

图 1.2.2　分规的用法

（3）比例尺。建筑物的形体比图纸大得多，它的形体尺寸不可能用实际尺寸画出来，而是根据实际需要与图纸的大小，选用适当的比例将图形缩小表示。

比例尺就是用来缩小（或放大）图形的，如图 1.2.3 所示。有的比例尺做成三棱柱状，所以又称三棱尺。大部分三棱尺有六种刻度，分别表示 1∶100、1∶200、1∶300、1∶400、1∶500、1∶600 六种比例。还有的比例尺做成直尺形状，称为比例直尺，它只有一行刻度和三行数字，表示三种比例，即 1∶100、1∶200、1∶500。比例尺上的数字以米为单位。

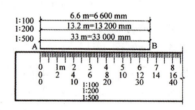

图 1.2.3　比例尺

（4）绘图纸。图纸有绘图纸和描图纸两种。绘图纸一般以质地厚实、颜色洁白、橡皮擦拭不易起毛为佳；描图纸（硫酸纸）应有韧性、透明度好。

（5）笔。手工绘图会用到铅笔、自动铅笔、不同规格的针管笔等，如图 1.2.4 所示。

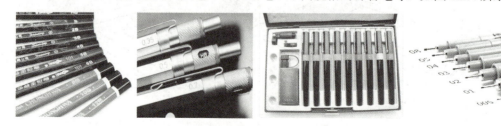

图 1.2.4　铅笔与针管笔

2. 计算机制图工具

在计算机普及之前，建筑及装饰工程制图都是手工绘制的，但是现在已经基本被计算机制图所取代，因为在效率、精准度、拓展应用等方面，计算机制图有着无可比拟的优势。

在建筑及装饰工程制图领域，主要用到的是由美国欧特克有限公司（Autodesk）出品的 AutoCAD 系列软件，因其良好的用户界面、交互式的工作模式、高效率的辅助绘图功能，广泛用于土木建筑、装饰装潢、工业制图、工程制图、电子工业、服装加工等多方面领域。AutoCAD 软件的基本操作方法将在模块 2 中具体学习。

另外，我国还有基于 AutoCAD 软件开发的天正建筑系列软件、中望系列软件、浩辰系列软件等，在功能上更有针对性，进一步提高了工程制图的效率。

1.2.2 徒手绘图

徒手绘制工程图样，能快速表达形体或设计意念，是工程技术人员必须掌握的一种技能。要求做到分清线型，粗实线、细实线、虚线、点画线等要能清楚地区分；图形不失真，基本符合比例，线条之间的关系正确；符合相关制图标准规定。

1. 握笔姿势

正确的握笔姿势是练好线条的保障。对于初学者来说，最容易忽视的就是姿势问题，拿笔不是太高就是太低；握笔不是太用力就是软绵绵；画线时只动手腕，整个手臂死死摁在桌上不动；身体坐不端正，或者干脆趴在桌上画等，都是常见的错误姿势。

正确的握笔姿势请仔细对照图 1.2.5 进行。在这里特别提醒一个问题，画线时，尤其是较长的线，手臂一定要抬起一点，通过整个手臂的移动来画线，这样才能保证线条的流畅和笔直。另外，画线时不要过度用力、全身紧绷，要尽量放松，这样画出的线也会更加自如、更具生命力。

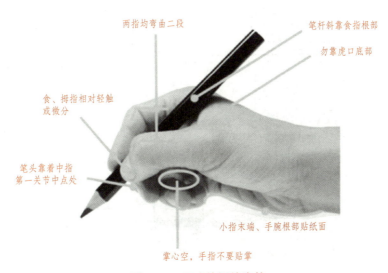

图 1.2.5　正确的握笔姿势

2. 线条练习

掌握徒手绘图需要一个长期练习的过程，其中最重要的就是线条的练习。徒手绘制线条要尽量方向明确、首尾肯定，并且可以在速度上有所区分，绘制出不同质感的线条，如图 1.2.6 所示。

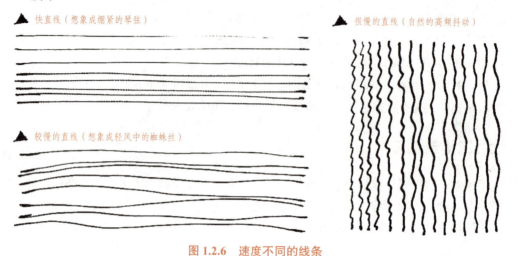

图 1.2.6　速度不同的线条

【注】　徒手绘图的线条没有标准格式，不是说一定越快越好，也不是一定越直越好，不同质感的线条可以形成不同质感的画面效果。线条练习部分可以与《室内设计手绘》课程进行对应和衔接。

3. 徒手绘制直线

画直线时运笔要力求自然，画短线摆动手腕，画长线摆动前臂，眼睛注视终点。落笔后可以短距离来回拉两下，形成起点处的局部加粗，同时，也可以帮助进一步明确方向，一旦方向明确就开始绘制，收笔时也可以做一下顿笔，线条会更加肯定有力，如图 1.2.7 所示。

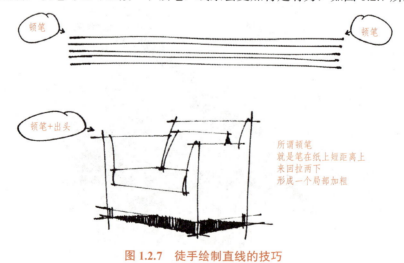

图 1.2.7　徒手绘制直线的技巧

4. 徒手画角度、圆和椭圆

练习直线的同时，也可以分别练习角度、圆和椭圆的徒手画法，如图1.2.8～图1.2.10所示。

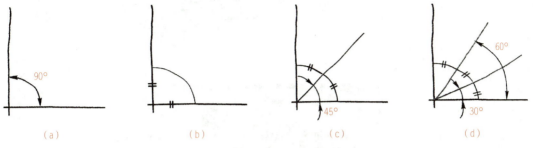

图 1.2.8　徒手画角度

(a) 先徒手画一直角；(b) 在直角处做一圆弧；(c) 分圆弧为二等分，做45°角；
(d) 分圆弧为三等分，做30°和60°角

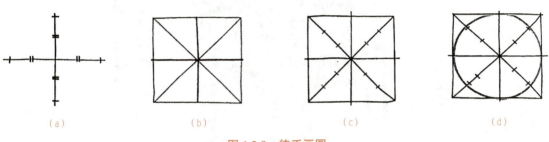

图 1.2.9　徒手画圆

(a) 徒手过圆心作垂直等分的二直径；(b) 画外切正方形及对角线；
(c) 大约等分对角线的每一侧为三等分；(d) 以圆弧连接完成圆的徒手绘制

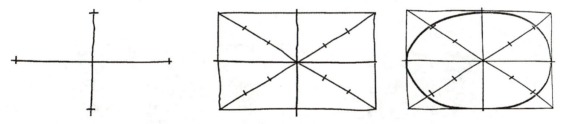

图 1.2.10　徒手画椭圆（与画圆的方法基本一致）

5. 徒手画平面图、立面图和透视效果图

徒手画图的最终目的，是可以徒手快速绘制建筑和装饰工程的相关图形内容，再配合彩铅或马克笔上色，用以记录所见所想、构思草图、调整方案及与客户沟通，坚持徒手画图还可以提高艺术修养和造型、审美能力，是工程技术人员应该具备的职业素养。具体如图1.2.11所示。

1.2.3　几何作图

几何作图在工程制图中应用很广，指的是手工绘图中借助作图工具进行的科学作图方法。

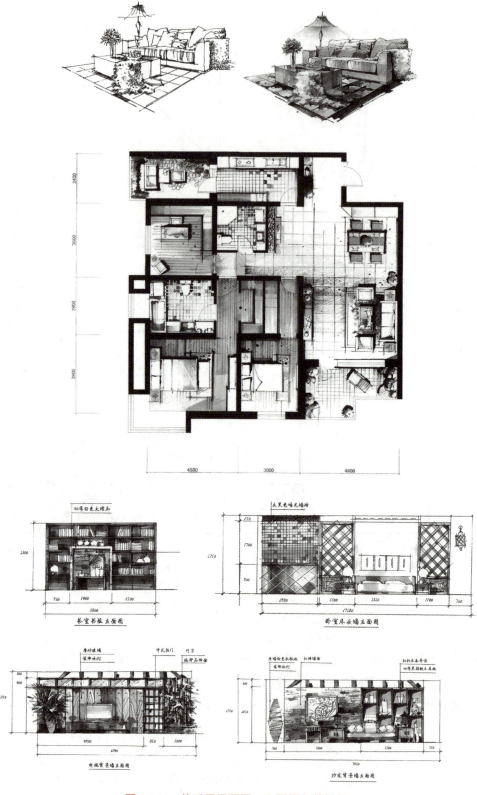

图 1.2.11　徒手画平面图、立面图和效果图

1. 作直线的平行线

(1) 水平线的平行线。如图 1.2.12 所示,使丁字尺的工作边与已知水平线 AB 平行,沿绘图板工作边平推丁字尺,使丁字尺工作边紧贴 C,作直线 CD。

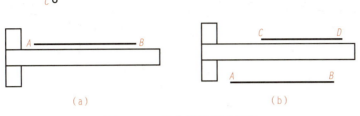

图 1.2.12　作水平线的平行线

(2) 作斜线的平行线。如图 1.2.13 所示,使三角板 a 的一边紧贴 AB,将三角板 b 的一条边紧贴 a 的另一边,按住三角板 b 不动,推动三角板 a 沿 b 的一边平移过点 c,作直线 CD 即为所求平行线。

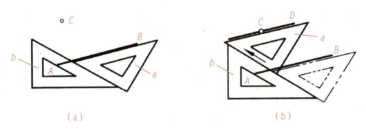

图 1.2.13　作斜线的平行线

2. 作直线的垂直线

(1) 作水平线的垂直线。如图 1.2.14 所示,丁字尺的工作边紧贴已知水平线 AB,将三角板的一直角边紧贴丁字尺工作边,沿三角板的另一直角边过点 C,从下至上作直线 CD 即为所求垂直线。

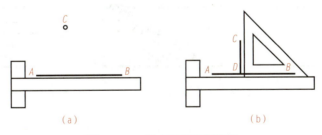

图 1.2.14　作水平线的垂直线

(2) 作斜线的垂直线。如图 1.2.15 所示,使三角板 a 的一直角边紧贴 AB,其斜边靠在另一三角板的一边,推动三角板 a,使其另一直角边过点 C,作直线 CD 即为所求垂直线。

图 1.2.15 作斜线的垂直线

3. 等分线

(1) 等分任意直线段。如图 1.2.16 所示,五等分线段 AB。已知直线段 AB,过点 A 作任意直线 AC,用直尺(或分规)在 AC 上截取 5 个单位,连接 5B,过 1、2、3、4 点作 5B 的平行线,交 AB 于 4 个等分点,即为所求分段。

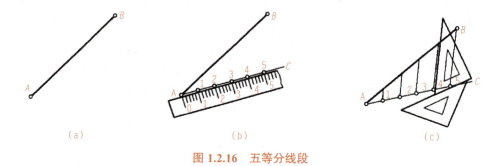

图 1.2.16 五等分线段

(2) 等分两平行线之间的距离。如图 1.2.17 所示,五等分两平行线之间的距离。已知平行线 AB 和 CD,将尺身 0 点置于 CD 上,摆动尺身,使刻度 5 落在 AB 上,得 1、2、3、4 各等分点,过各等分点作 AB、CD 的平行线,即为所求平分线。

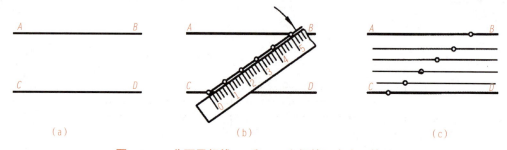

图 1.2.17 分两平行线 AB 和 CD 之间的距离为 5 等份

4. 多边形绘制

(1) 作已知圆的内接正六边形。如图 1.2.18 所示,用 60°三角板作正六边形,将 30°三角板的短直角边紧靠丁字尺工作边,沿斜边分别过点 A、D 作 AB、DE、DC、AF 连接 EF、BC 即得。如图 1-28(b)所示用圆规、直尺作正六边形,分别以 A、D 为圆心,R 为半径作弧交圆周于 B、F、C、E 点,依次连接 AB、BC、CD、DE、EF、FA 即得内接正六边形。

· 24 ·

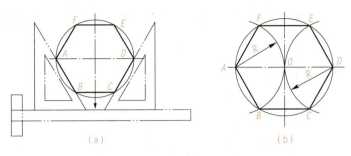

图 1.2.18　作圆内接正六边形

（2）作圆内接正五边形。作图过程如图 1.2.19 所示，作 OP 中点 M，以 M 为圆心，MA 为半径作弧交 ON 于 K，AK 即为圆内接正五边形的边长，自点 A 起，以 AK 为半径五等分圆周得点 B、C、D、E，依次连接 AB、BC、CD、DE、EA，即为所求正五边形。

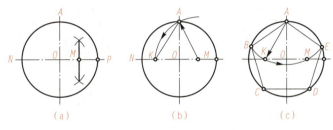

图 1.2.19　作圆内接正五边形

思考与总结

1. 在计算机制图普及的今天，为什么要学习徒手绘图？练习徒手绘图对我们的专业有哪些帮助和益处？

2. 手工制图的常用工具有哪些？

3. 徒手画直线、角度、圆和椭圆有什么方法与技巧？

4. 利用工具手工作直线的平行线和垂直线、等分线段和平行线间距、作已知圆的内接正多边形具体方法与技巧是什么？

课后练习

1. 徒手绘制图 1.2.20 所示的图形，要求线条清晰、造型准确、透视合理。

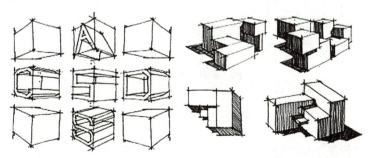

图 1.2.20　课后练习 1

2. 利用工具手绘绘制图 1.2.21 中所示的 8 个图形，要求连接光滑、交接正确、线型粗细分明。没有标注比例的图形按 1∶1 绘制，标注了比例的图形按标注比例绘制。

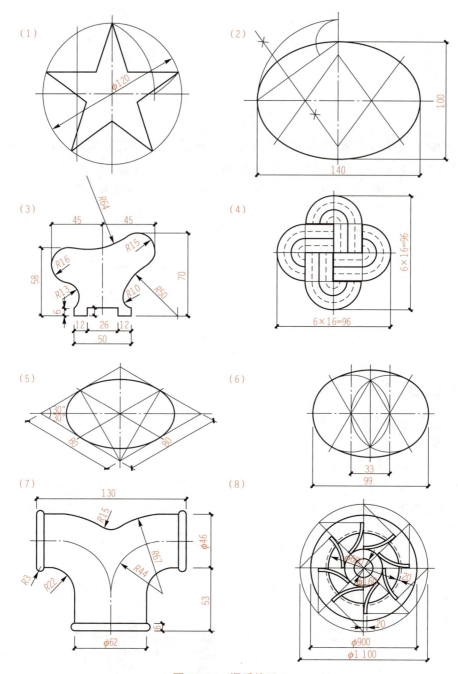

图 1.2.21　课后练习 2

评价反馈

1. 学生自我评价及小组评价

（1）是否明确练习徒手绘图的意义和作用？□是　□否

（2）是否掌握徒手绘制直线、角度、圆和椭圆的方法与技巧？□是 □否

（3）是否掌握利用工具手工作直线的平行线和垂直线、等分线段和平行线间距、作已知圆的内接正多边形的方法与技巧？□是 □否

参评人员（签名）：_____

2. 教师评价

教师具体评价：

评价教师（签名）：_____　　　　　　　　　　　　　年　月　日

知识面拓展

尝试完成直径为 80 mm 的内接正三边形、正四边形、正五边形、正六边形的绘制。

1.3　投影基础

应知理论：理解和掌握投影的基本概念、分类与特性。

应会技能：掌握基本形体投影和组合形体投影的基本方法，掌握形体分析法和线面分析法。

应修素养：拓展空间思维和想象能力，提高对形体的把握能力。

学习任务描述：

1. 理解和掌握投影法的基本知识与技能。
2. 理解和掌握正投影法的相关内容，理解其在工程制图中的意义。
3. 理解和掌握几种常见的平面图与曲面体的投影特点及组合体的投影分析方法。
4. 完成课后思考题和配套练习。

1.3.1　基础概念

1. 投影法的基本概念

人们生活在三维空间里，一切形体都有长度、宽度和高度。如何在一张只有长度和宽度的二维图纸上，准确而全面地表达出三维形体的形状和大小？就要用到投影的方法。

假设要画出一个房屋形体的图形[图 1.3.1（a）]，可在形体前面设置一个光源 S（如电灯），在光线的照射下，形体将在它背后的平面 P 上投落一个灰黑的多边形的影。这个影能反映出形体的轮廓，但表达不出形体各部分的形状。假设光源发出的光线，能够透过形体而将各个顶点和各根侧棱都在平面 P 上投落它们的影，这些点和线的影将组成一个能够反映形体各部分形状的图形[图 1.3.1（b）]，这个图形称为形体的投影。光源 S 称为投射中心。投影所在的平面 P 称为投影面。连接投射中心与形体上各点的直线称为投射线。通过一点的投射线与投影面 P 相交，所得交点就是该点在平面 P 上的投影。作出形体投影的方法，称为投影法。

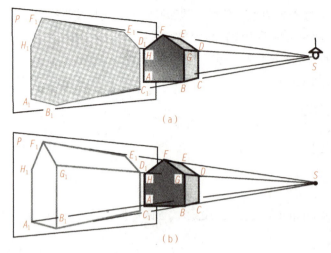

图 1.3.1 影与投影

2. 投影法的基本分类

投影可分为中心投影和平行投影两类。这两类投影法都具有如下的特性：任何一种投影方法必须具备三个要素，即形体、投射中心和投影面，如图 1.3.2 所示；在投影面和投射中心（或投射方向）确定之后，形体上每一点必有其唯一的一个投影，建立起一一对应的关系，例如图 1.3.2 中的 A 和 a、B 和 b、C 和 c 等；空间一点的一个投影不能确定该点的空间位置，因同一根投射线上任何一点的投影，都落在该投射线与投影面的交点上，例如图 1.3.2 中的点 B 和 B_1，它们的投影都是同一点 b；一点在一投射线上移动，无论该点到投影面的距离如何，在该投影面上的投影位置不变，如图 1.3.2 中的点 B 移动到点 B_1，它的投影仍是 b。两种投影法具体的区分如下：

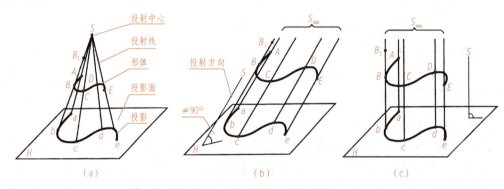

图 1.3.2 中心投影与平行投影

（1）中心投影。当投射中心 S 在有限的距离内，发出放射状的投射线所作出的投影［例如图 1.3.2（a）所示的铅丝 $ABCDE$ 在 H 面上的投影 $abcde$］，称为中心投影。

（2）平行投影。当投射中心 S 移至无限远处 S_∞ 时，投射线将依一定的投射方向 S 平行地投射下来，所作出的投影［例如图 1.3.2（b）（c）的投影 $abcde$］，称为平行投影。平行投影又分为两种：斜投影［图 1.3.2（b）］，投射方向倾斜于投影面时所作出的平行投影；正投影

[图 1.3.2（c）]，投射方向垂直于投影面时所作出的平行投影。在建筑及装饰工程制图中，最常使用平行投影法，具有如下特性：

1）真实性。平面（或直线段）平行于投影面时，其投影反映实形（或实长）。这种投影特性称为真实性，如图 1.3.3（a）所示的四边形 CDEF。

2）积聚性。平面（或直线段）垂直于投影面时，其投影积聚为线段（或一点）。这种投影特性称为积聚性，如图 1.3.3（b）所示的平面三角形 ABC 和线段 BC。

3）类似性。平面（或直线段）倾斜于投影面时，其投影变小（或变短），但投影形状与原来形状相类似，平面多边形的边数保持不变，这种投影性质称为类似性，如图 1.3.3（c）上三角形 ACD。

4）平行性。形体上相互平行的线段，其投影仍相互平行，如图 1.3.3（d）所示的线段 AB//CD、a'b'//CD，a'b'//c'd'。

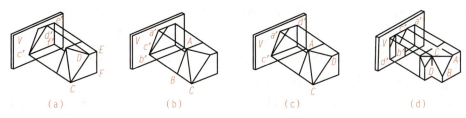

图 1.3.3　平行投影的特性

（a）真实性；（b）积聚性；（c）类似性；（d）平行性

3. 投影法的基本应用

中心投影和平行投影（包括斜投影和正投影）在建筑相关工程中应用甚广。如同一幢四坡顶平房，用不同的投影法，可以画出最常用的五种投影图（图 1.3.4）。

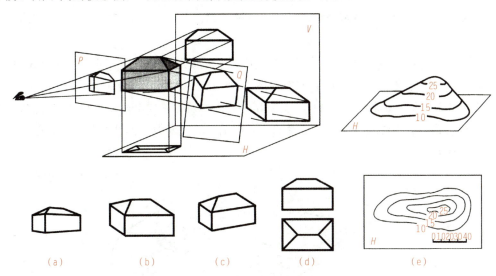

图 1.3.4　投影法的基本应用

（a）透视图；（b）斜轴测图；（c）正轴测图；（d）正投影图；（e）标高投影图

（1）透视图。用中心投影法，可在投影面 P（画面）上画出房屋的透视图 [图 1.3.4（a）]。

透视图的图形与人的眼睛处在投射中心位置时所看到该房屋的形象，或者将摄影机放在投射中心所拍得的照片很相近，显得十分逼真。但房屋各部分的真实形状和大小都不能直接在图中反映与度量。

（2）斜轴测图。用斜投影法，可在平行于房屋一个侧面的投影面 V 上作出斜轴测图[图1.3.4（b）]。斜轴测图能反映出房屋的长、宽、高，有一定立体感；还反映出房屋一个侧面的真实形状和大小，但其他侧面形状往往变形，如矩形投射成平行四边形、圆形投射成椭圆形等。

（3）正轴测图。用正投影法，可在一个不平行于房屋任一向度（指形体长、宽、高方向，也称"维"）的投影面 Q 上作出正轴测图[图1.3.4（c）]，所得图形看起来比斜轴测图自然一些，但不反映任何一个侧面的实形。与斜轴测图相同，在一定条件下，可以在图上度量出各线段的长度。

（4）多面正投影图。用正投影法，在两个或两个以上相互垂直，分别平行于房屋主要侧面的投影面（如 V 和 H）上，作出形体的正投影，并将所得正投影按一定规则画在同一个平面上[图1.3.4（d）]。这种由两个或两个以上正投影组合而成，用以确定空间形体的一组投影，称为多面正投影图，简称正投影图。这种图能真实地反映出房屋各主要侧面的形状和大小，便于度量，作图简便，但它缺乏立体感，需经过一定的训练才能看懂。

（5）标高投影图。用正投影法还可以将一段地面的等高线投射在水平投影面上，并标注出各等高线的标高，表达该地段的地面形状。这种带有标高的正投影图，称为标高投影图[图1.3.4（e）]。

1.3.2　正投影图的绘制与识读

前文介绍了平行投影图的诸多特性，其中正投影图不但都具备，而且其规定了投射方向垂直与投影面，便于作图，以及图形简单准确，度量性好，因此，几乎所有的工程图都用正投影方法绘制。

但是，由于正投影的积聚性，只用一个视图不能反映物体三维空间形态（图1.3.5）。例如，仅一个投影显然不能说明该体有多厚[图1.3.5（a）]；不仅如此，甚至可以有不同形状的物体也可能获得同一形状的投影[图1.3.5（b）]。由此可见，要全面反映物体三维空间形状，应用三个投影是很有必要的，即人们常说的"三视图"。根据需要也可以用更多的正投影面来表达一个形体。

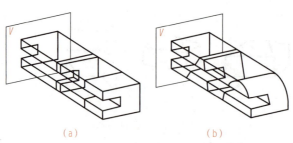

（a）　　　　　　　　　　　（b）

图1.3.5　一个面的正投影不能完整表达物体的形状

（a）物体的厚薄不同；（b）物体的形状不同

1. 三视图的形成

如图 1.3.6 所示，H 面、V 面和 W 面共同组成一个三投影面体系。这三个投影面分别两两相交于三根投影轴。H 面和 V 面的交线称为 OX 轴，H 面和 W 面的交线称为 OY 轴，V 面和 W 面的交线称为 OZ 轴。三轴线的交点 O 称为原点。展开三个投影面时，仍规定 V 面固定不动，使 H 面绕 OX 轴向下旋转，W 面绕 OZ 轴向右旋转，直到都与 V 面同在一个铅垂平面上［图 1.3.6（b）］。这时 OY 轴出现两次，随 H 面转到与 OZ 轴在同一竖直线上的，标记为 OY_H，随 W 面转到与 OX 轴在同一水平线上的，标记为 OY_W［图 1.3.6（c）］。水平投影（H 投影）、正面投影（V 投影）和侧面投影（W 投影）组成的投影图，称为三面投影图，即三视图。

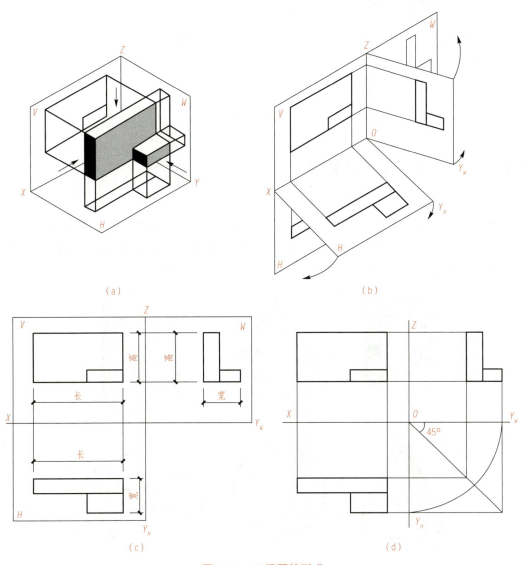

图 1.3.6 三视图的形成

（a）三投影面积系；（b）展开投影面；（c）展开后的三投影位置；（d）三面投影图

2. 三视图的对应关系

形体有左、右、前、后、上、下六个方向[图1.3.7(a)]，它们在投影图上同样得到反映。进行投射时，若将形体周围这六个方向（字）随同形体一齐投射到三个投影面上，所得投影图如图1.3.7（b）所示。在投影图上识别形体的方向，对读图很有帮助。

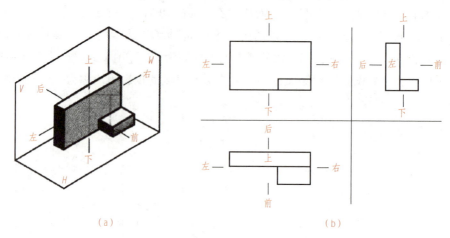

图 1.3.7　三视图的对应关系

1.3.3　基本体的类型及其投影

1. 基本体的类型

立体可分为平面立体和曲面立体两类。表面都是由平面围成的立体称为平面立体，如图1.3.8（a）（b）所示的棱柱和棱锥等；表面由曲面或曲面与平面围成的立体称为曲面立体，如图1.3.8（c）（d）（e）（f）所示的圆柱、圆锥、圆球、圆环等。

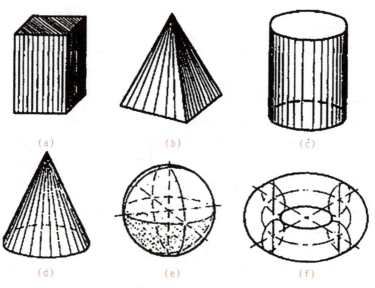

图 1.3.8　平面立体和曲面立体

（a）棱柱；（b）棱锥；（c）圆柱；（d）圆锥；（e）圆球；（f）圆环

2. 基本体的投影

（1）平面立体的投影。平面体由若干侧面和底面围成。图 1.3.9（a）是一个底面为等腰三角形的直三棱柱，从立体几何可知，这个三棱柱的特征为：上、下底面是两个平行且相等的等腰三角形；三个侧面都是矩形，一个较宽，两个较窄且相等；所有侧棱相互平行且相等又垂直于底面，其长度等于棱柱的高。

安放形体时，一要使形体处于稳定状态；二要考虑形体的工作状况。进行投射时，要使投影面尽量平行于形体的主要侧面和侧棱，以便作出更多的实形投影。三棱柱形体在建筑中常见于两坡顶屋面。为此，可将三棱柱平放，并使 H 面平行于大侧面，V 面平行于侧棱，W 面平行于两底面［图 1.3.9（b）］。

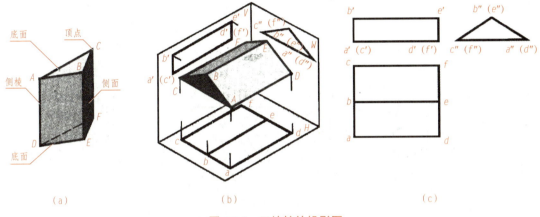

图 1.3.9　三棱柱的投影图

作三棱柱投影图时，由于平面体的侧面和底面都是平面图形，只要按照平行投影特性作出各侧面的投影，就可以作出平面体的投影。为表达清楚，规定空间点一般用大写拉丁字母（A、B、C、D、…）标记，点的 H 投影用小写字母（a、b、c、d、…），V 投影在小写字母上加一撇（a'、b'、c'、d'、…），W 投影加两撇（a''、b''、c''、d''、…）标记。看不见的投影需要表明看不见时，在投影标记外加一括号如（a）、（b'）、（c''）、…，以示区别。

1）H 投影：矩形线框 $adfc$ 是水平侧面的实形投影，其中两个相等的小线框 $adeb$ 和 $befc$ 是两个斜侧面的 H 仿形投影。线段 abc 和 def 分别是左、右两底面的 H 积聚投影。

2）V 投影：矩形 $a'd'e'b'$ 和（c'）（f'）$e'b'$ 是前、后斜侧面重合的 V 仿形投影。水平侧面的 V 投影积聚为矩形底边的水平线，左、右底面的 V 投影积聚为矩形的左、右竖直边。

3）W 投影：反映左、右底面的实形——等腰三角形，其底边及两腰分别是水平侧面和前、后斜侧面的积聚投影。

其他平面体（如六棱柱和三棱锥）的投影图及其特征见表 1.3.1。如果投影图只要求表示出形体的形状和大小，而不要求反映形体与各投影面的距离时，通常不画投影轴［图 1.3.9（c）］。在这种无轴投影图中，各个投影之间仍保持正投影的投影关系。在表 1.3.1 中各基本形体的投影图都属于无轴投影图。

表 1.3.1 平面立体投影图

名称	形体在三投影面体系中的投影	投影图	投影特点
六棱柱			一个投影的外形是正六边形，反映上、下底面的实形，另两个投影的外形是同一高度的若干矩形
三棱锥			一个投影的外形是三角形，反映下底面的实形，另两个投影的外形是同一高度的三角形

（2）曲面立体的投影。曲面立体由曲面或平面和曲面围成。有的曲面立体有轮廓线，即表面之间的交线，如圆柱的顶面与柱面的交线圆［图 1.3.10（a）］；有的曲面立体有顶点，如圆锥的锥顶；有的曲面立体全部由光滑的曲面所围成，如球。在作曲面立体的投影时，除画出轮廓线和尖点外，还要画出曲面投影的转向轮廓线，它是曲面的可见投影和不可见投影的分界线。因此，作曲面立体的投影就是作它的所有曲面或曲面表面和平面表面的投影，即曲面立体的轮廓线、尖点的投影和曲面投影的转向轮廓线。

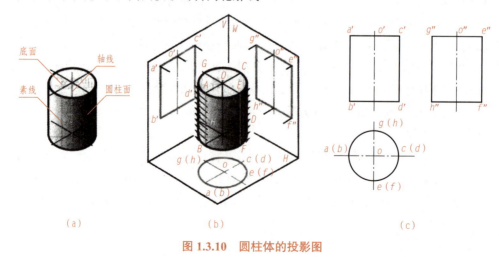

图 1.3.10 圆柱体的投影图

以圆柱体为例，如图 1.3.10 做投影图时，H 投影是一个与底面相等的圆，其圆周又是圆柱表面的积聚投影。V 投影是一个矩形，上、下边是圆柱上、下底面的积聚投影。左、右边是向 V 面投射时圆柱面上最左素线 AB 和最右线 CD 的 V 投影［图 1.3.10（b）］，为圆柱面的 V 投影轮廓线。W 投影也是一个矩形，形状与 V 投影一样，但其左、右边是向 W 面投射时圆柱面上最后素线 GH 和最前素线 EF 的 W 投影，为圆柱面的 W 投影轮廓线。

圆锥和球的投影图及其特征见表 1.3.2。圆柱、圆锥和球的投影都要画上它们的轴线和中心线（图 1.3.10 和表 1.3.2）。

表 1.3.2　曲面立体投影图

名称	形体在三投影面体系中的投影	投影图	投影特点
圆锥	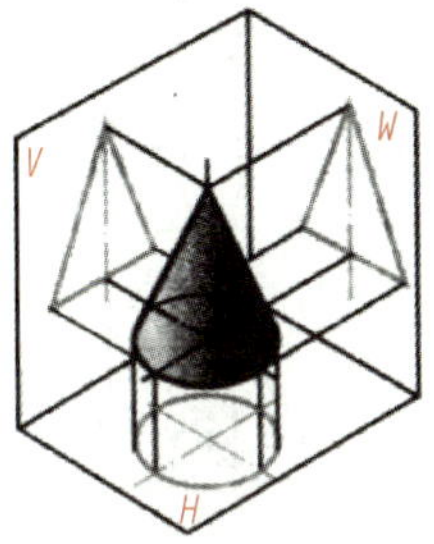	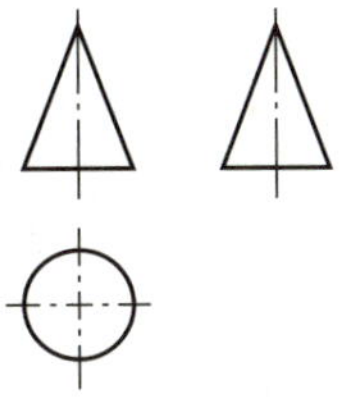	一个投影是圆形，反映正圆锥底面的实形。另两个投影是大小相等的等腰三角形，其底边等于圆锥底面的直径，是圆锥底面的积聚投影
圆球	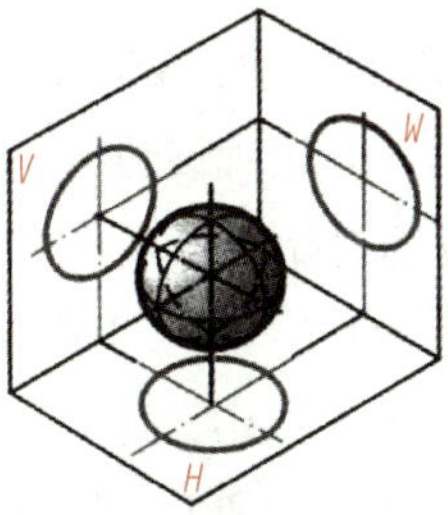	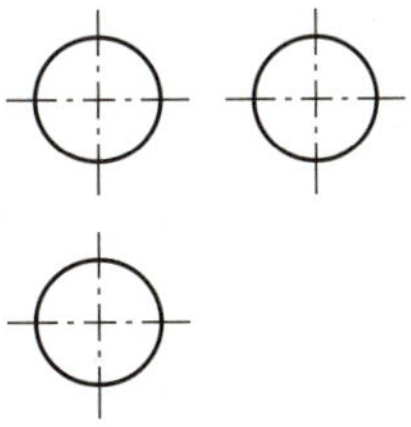	三个投影都是圆，它们的直径相等

1.3.4　组合形体的投影

画图和看图是学习本课程的两个重要环节。画图是将空间形体按正投影方法表达在图纸上，是一种从空间到平面的表达过程；而看图的逆过程要求根据平面图形想象出空间形体的结构形状。

1. 形体分析的基本知识

（1）将几个视图联系起来分析。一般情况下，仅由一个视图不能确定形体的形状，只有将两个以上的视图联系起来分析，才能弄清楚形体的形状。如图 1.3.11 所示的一组视图中，主视图都相同，但联系图 1.3.11 的俯视图与左视图分析，则可确定是三个不同形状的形体。因此，看图时应将几个视图联系起来进行分析、构思，才能准确地确定形体的空间形状。

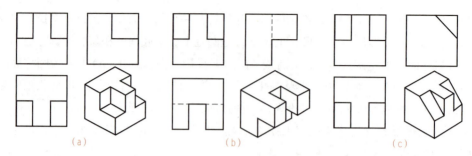

图 1.3.11 将几个视图联系起来看

(2) 要善于捕捉特征视图。捕捉特征视图就是要找出最能反映物体形状特征或位置特征的那个视图，从而建立组合体的主要形象。一般情况下，主视图往往是特征视图。图 1.3.12 所示的主视图是形状特征视图，左视图是位置特征视图。

(3) 理解视图中图线的含义。一条直线或曲线可以表示平面或曲面的积聚性投影。图 1.3.13（b）中所示的 1 表示侧平面

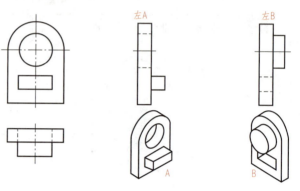

图 1.3.12 特征视图

的积聚性投影，图 1.3.13（c）中所示的 2 表示铅垂的圆柱面投影；直线也可以表示曲面转向轮廓线的投影，图 1.3.13（c）中所示的 3 表示肋板和圆柱面的交线；直线还可以表示曲面转向轮廓线的投影，如图 1.3.13（c）中所示的 4 表示圆柱面的转向轮廓线。

(4) 理解视图中线框的含义。线框是指图上由图线围成的封闭图形，在看图过程中必须理解线框的含义：一个封闭的线框表示形体的一个表面（平面或曲面），如图 1.3.13（a）所示，主视图中的 b' 封闭线框表示形体的前平面的投影；相邻的两个封闭线框，表示形体上位置不同的两个面，如图 1.3.13（a）所示，主视图中的相邻两个线框 a' 和 b' 在俯视图中可见，表示一前一后两个平面的投影；封闭线框内所包含的各个不同的小线框，表示在立体上凸出或凹下的各个小立体。如图 1.3.13（c）所示，俯视图中的大线框表示带有圆角的底板，中间两组相接的框，表示在底板上叠加一个空心圆柱和一肋板。

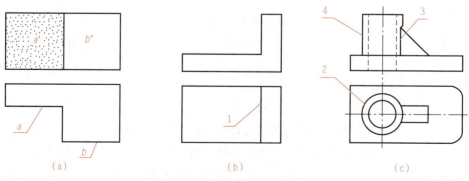

图 1.3.13 理解图线和图框的含义

2. 看图构思的训练方法

学会积极的构思和联想是提高看图能力的一条重要途径,看图的构思和联想是要通过基本方法来训练的,下面介绍一些常用看图能力的训练方法。

(1) 铁丝构形训练法。利用铁丝弯成多种形状,训练其三视图和空间形状的对应关系,如图 1.3.14 所示。

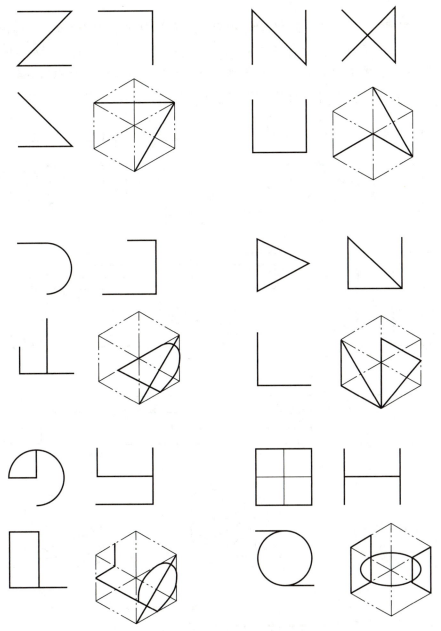

图 1.3.14 用铁丝构成各种形状并进行三视图分析

(2) 一个视图的构思法。通过改变该视图上相邻封闭线框所表示面的位置及形状(应与投影相符),可构思出不同的形体,如图 1.3.15 所示。

图 1.3.15　一个视图可以对应多个形体

（3）两个视图构思法。已知形体的两个视图，根据第三视图的对应关系，可构思出不同的形体。图 1.3.16（a）所示为按叠加方式构成不同的左视图；图 1.3.16（b）所示为按切割方式构成不同的左视图；图 1.3.16（c）是已知俯视图、左视图，按综合方式构思出不同的主视图。

图 1.3.16　两个视图构思法

(a) 叠加构形；(b) 切割构形；(c) 综合构形

（4）互补立体构形法。根据已知的形体，构想出与之吻合的长方体或圆柱体等基本形体的另一形体，如图 1.3.17 所示。

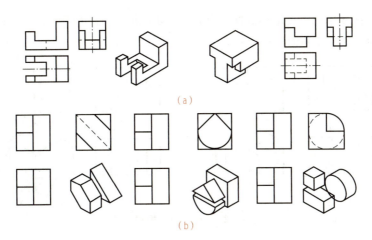

图 1.3.17 互补构形法

(a) 长方体互补；(b) 圆柱互补

3. 形体分析的基本方法

（1）形体分析法。用形体分析法看图，即从表达特征明显的主视图入手，通过封闭的线框至投影，将组合体分解为若干个基本形体，逐个想象出各部分形状，最后综合起来，想象出组合体的整体形状。

如图 1.3.18 所示，先将主视图分为四个封闭的线框（图中标注的 1、2、3、4 四个线框），然后分别找出这些线框在俯视图及左视图中的相对投影。根据各基本形体的投影特点，可确定出此物体是由两个三角形体、一个去掉了半个圆柱体的矩形立方体和一个被切掉一块的长方体组成的。最后，根据各基本形体的位置，即可想象出该物体的总体形状。

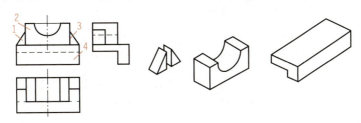

图 1.3.18 形体分析法

（2）线面分析法。用线面分析法看图，是将物体表面分解为线、面等几何要素，通过分析这些要素的空间位置、形状，从而想象出物体的形状。这种读图方法称为线面分析法。在看挖切类形体和较复杂的不易用形体分析的形体时，主要运用线面分析来分析。运用线面分析法应注意以下两点：

1）分析面的形状，如图 1.3.19 所示。

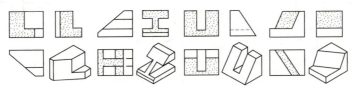

图 1.3.19 斜面的投影

2）分析面的相对位置，如图 1.3.20（a）所示，A 是正平面，B 是侧垂面居中；图 1.3.20（b）所示 A 是侧垂面，B 是正平面居中。

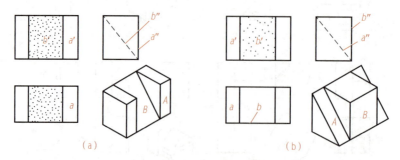

图 1.3.20　分析面的相对位置

形体分析时，从图 1.3.21（a）所示的两视图可见，该形体的形状特征明显，而各个面的位置特征不明显。若能确定各面的空间位置，则不难想象该形体的空间形状。因此，采用线面分析法时，如图 1.3.21（b）所示，将主视图分成三个封闭线框，它表示三个不同的面，逐一分析每个表面的形状和位置，最后想象整体形状，其具体解题步骤如图 1.3.22 所示。

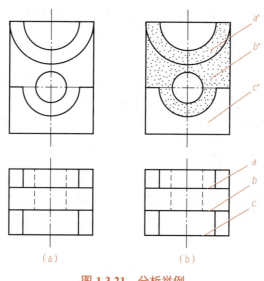

图 1.3.21　分析举例

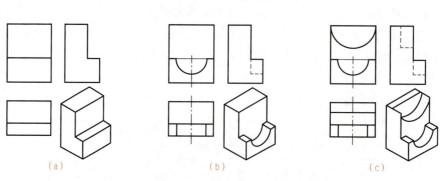

图 1.3.22　线面分析法的过程

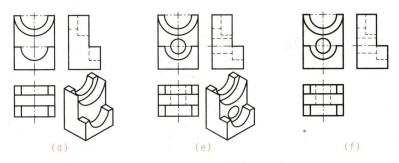

图 1.3.22 线面分析法的过程（续）

（a）画外轮廓；（b）画前层半圆槽；（c）画中层半圆槽；
（d）画后层半圆槽；（e）画中层与后层通孔；（f）加深

思考与总结

1. 中心投影和平行投影有什么区别？有什么共同的特性？
2. 平行投影的六个特性有哪些？为什么大多数的工程图纸都采用正投影法画出？
3. 为什么一个投影不能确切和全面地表达形体的形状与大小？
4. 两面和三面正投影面体系是怎样建立的？正投影图有哪些特性？
5. 棱柱、棱锥、圆柱、圆锥和球等基本形体的投影有哪些特点？
6. 什么是形体分析法？什么是线面分析法？
7. 为什么要强调画图与读图相结合？

课后练习

1. 根据立体图找投影图（图 1.3.23、图 1.3.24）。

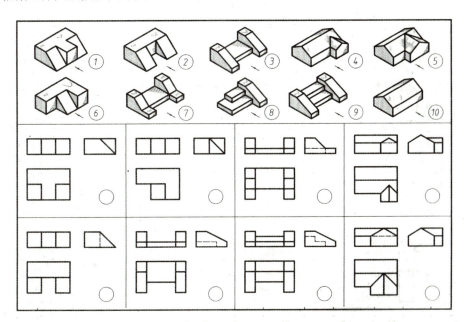

图 1.3.23 课后练习 1 根据立体图找投影图（一）

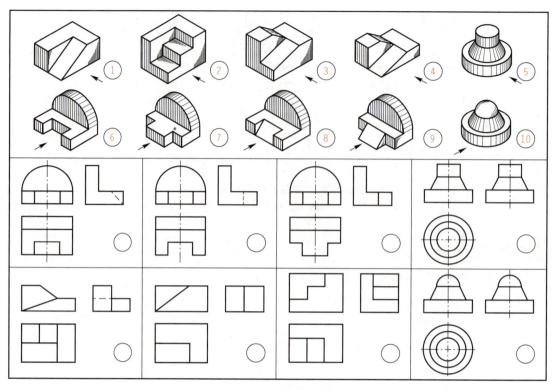

图 1.3.24 课后练习 1 根据立体图找投影图（二）

2. 根据立体图画投影图（图 1.3.25、图 1.3.26）。

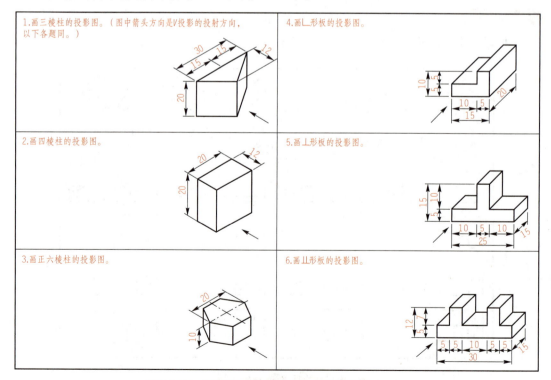

图 1.3.25 课后练习 2 根据立体图画投影图（一）

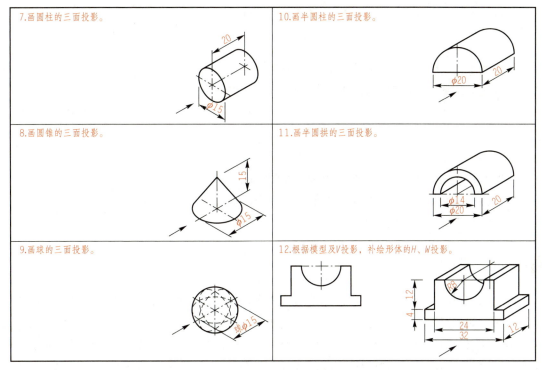

图 1.3.26 课后练习 2 根据立体图画投影图（二）

评价反馈

1. 学生自我评价及小组评价

（1）是否明确投影的概念、特性、类型？□是 □否

（2）是否掌握正投影的意义、特性，以及分析和绘制基本形体与组合体正投影的方法与技巧？□是 □否

（3）是否掌握根据立体图分析和绘制其投影图，以及根据投影图分析和绘制立体图？□是 □否

参评人员（签名）：_____

2. 教师评价

教师具体评价：

评价教师（签名）：_____　　　　　　　　　　　　年　月　日

知识面拓展

在生活中找到三件以上的物品（如家具、电器或其他物品），分析其形体，并绘制其三视图。

1.4 轴测投影图基础

应知理论：理解轴测投影的基本概念、分类和特性。
应会技能：掌握不同类型轴测投影图的形成方法、基本画法。
应修素养：通过轴测图练习进一步提升绘图方法的科学性，以及提升对空间和形体的把握能力。

学习任务描述：
1. 理解和掌握轴测投影图的基本原理与作图技能。
2. 理解和掌握正轴测图与斜轴测图的相关内容，理解其在工程制图中的意义。
3. 完成课后思考题和配套练习。

■ 1.4.1 基础概念

在实际工程中，为了准确地表达建筑形体的形状和大小，通常采用的是前文所介绍的三面正投影图，即三视图。三视图作图简便、度量性好，但是缺乏立体感，直观性差，未经过专门训练会有一定的理解困难。因此，为了更好地理解三面正投影图，在工程中，常使用轴测图作为辅助图样。轴测图是一种单面投影图，可以在一个投影面上同时反映形体的三维尺度，立体感强，因此更加形象、逼真。但是，轴测图作图复杂，并且度量性差，很难准确反映形体的真实大小，一般只作为辅助性图样，如图 1.4.1 所示。

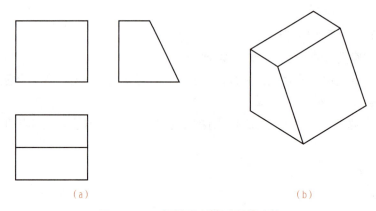

(a)　　　　　　　　　　　(b)

图 1.4.1　正投影图和轴测图的比较
（a）正投影图；（b）轴测图

1. 轴测图的形成

将形体连同确定空间位置的直角坐标系一起，用平行投影法，沿不平行任意坐标面的方向 S 投射到投影面 P 上，所得到的投影称为轴测投影。用这种方法画出的图称为轴测投影图，简称轴测图。其中，投影方向 S 为投射方向。投影面 P 为轴测投影面，形体上的原坐标轴 OX、OY、OZ 在轴测投影面的投影为 O_1X_1、O_1Y_1、O_1Z_1，图 1.4.2 所示为轴测图的形成过程。

2. 轴测图的基本参数

轴测图的基本参数主要有轴间角和轴向变形系数。

（1）轴间角。轴测轴之间的夹角称为轴间角。如图 1.4.2 中的 $\angle X_1O_1Y_1$、$\angle X_1O_1Z_1$、$\angle Y_1O_1Z_1$。

（2）轴向变形系数。轴测轴上某段长度与它的实长之比，称为轴向变形系数。常用字母 p、q、r 来分别表示 OX、OY、OZ 轴的轴向变形系数，可表示如下：

1）OX 轴的轴向变形系数 $p=O_1X_1/OX$；

2）OY 轴的轴向变形系数 $q=O_1Y_1/OY$；

3）OZ 轴的轴向变形系数 $r=O_1Z_1/OZ$。

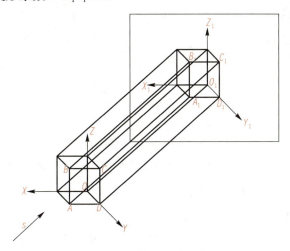

图 1.4.2　轴测图的形成

3. 轴测图的特性

由于轴测图是根据平行投影原理绘制的，必然具备平行投影的一切特性，利用下面特性可以快速准确地绘制轴测投影图：

（1）平行性。空间互相平行的线段，它们的轴测投影仍然互相平行，如图 1.4.2 所示，空间形体上的线段 AB 与 CD 平行，其在投影面 P 上的投影 A_1B_1、C_1D_1 仍然平行。因此，形体上与坐标轴平行的线段，其轴测投影必然平行于相应的轴测轴，且其变形系数与相应的轴向变形系数相同。但是，空间中不平行于坐标轴的线段不具备该特性。

（2）定比性。空间互相平行的两线段长度之比，等于它们的轴测投影长度之比，如图 1.4.2 所示，空间形体上两线段 AB 与 CD 之比，等于其投影 A_1B_1 与 C_1D_1 之比。因此，形体上平行于坐标轴的线段，其轴测投影长度与实长之比，等于相应的轴向变形系数。另外，同一直线上的两线段长度之比，与其轴测投影长度之比也相等。

（3）显实性。空间形体上平行于轴测投影面的直线和平面，在轴测图上反映实长和实形，如图 1.4.2 所示，空间形体上线段 AB、CD 等以及由这两条线段组成的平面 $ABCD$ 与投影面 P 相平行，则在轴测图上的投影 A_1B_1、C_1D_1 及由它们组成的平面 A_1B_1、C_1D_1 分别反映线段的实长及平面的实形。因此，可选择合适的轴测投影面，使形体上的复杂图形与之平行，可简化作图过程。

4. 轴测图的分类

根据投影方向不同，轴测图可分为两类：

（1）正轴测投影：当投射方向 S 垂直于投影面 P 时，所得轴测图称为正轴测投影图，如图 1.4.3（b）所示。

（2）斜轴测投影：当投射方向 S 倾斜于投影面 Q 时，所得投影图称为斜轴侧投影图，如图 1.4.3（c）所示。

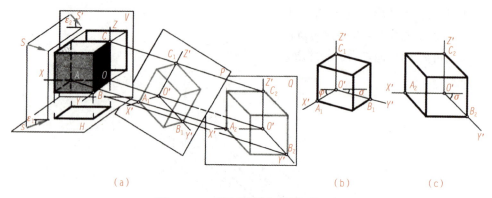

图 1.4.3　正轴测投影与斜轴测投影

（a）轴测投影的产生；（b）正轴测投影；（c）斜轴测投影

根据轴向伸缩系数不同，每类轴测图又可分为三类：三个轴向伸缩系数均相等的，称为等测轴测图；其中只有两个轴向伸缩系数相等的，称为二测轴测图；三个轴向伸缩系数均不相等的，称为三测轴测图。以上两种分类结合，便得到六种轴测图，分别简称为正等测轴测图、正二测轴测图、正三测轴测图和斜等测轴测图、斜二测轴测图、斜三测轴测图。工程制图中正等测轴测图和斜二测轴测图使用较多。

5. 轴测投影图的作图原则

（1）轴测投影属于平行投影，所以，轴测投影具有平行投影的所有特性，画轴测投影时必须保持平行性、定比性。例如，空间形体上互相平行的直线，其轴测投影仍互相平行；空间互相平行的或同在一直线上的两线段长度之比，在轴测投影上仍保持不变。

（2）空间形体上与坐标轴平行的直线段，其轴测投影的长度等于实际长度乘以相应轴测轴的轴向伸缩系数，即沿着轴的方向需按比例截取尺寸。

1.4.2　正轴测图

当投射方向 S 垂直于轴测投影面 P 时，所得的投影称为正轴测投影。根据轴向伸缩系数 p_1、q_1、r_1 是否相等，正轴测投影可分为正等轴测投影、正二轴测投影和正三轴测投影。

1. 正等轴测投影

三个轴向伸缩系数都相等的正轴测投影称为正等轴测投影（图 1.4.4），即 $p_1 = q_1 = r_1 \approx 0.82$。此时，$\varphi = \sigma = 30°$，$\varepsilon_1 = \varepsilon_2 = 45°$ ［图 1.4.4（a）（b）］。这是最常用的一种轴测图，它的两个轴倾角都是 30°，可以直接利用丁字尺和 30°三角板作图［图 1.4.4（c）］。

另外，三个轴向伸缩系数都约等于0.82，习惯上简化为1，即 $p = q = r = 1$，直接按实际尺寸作图。利用简化轴向伸缩系数画出的正等轴测图（简称正等测）比实际的轴测图要大一些 ［图1.4.4（d）］。

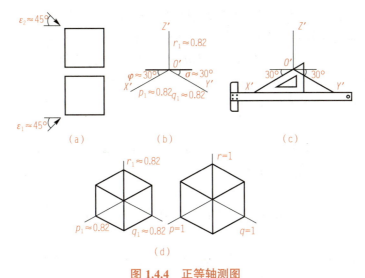

图 1.4.4　正等轴测图

（a）投射方向；（b）轴倾角和轴向伸缩系数；（c）轴测轴的画法；
（d）轴向伸缩系数等于0.82和等于1的区别

（1）坐标法。已知基础形体的投影图［图1.4.5（a）］，求作它的正等测。

解：对基础形体进行形体分析：从下而上，由棱柱和棱台组成，可分别画出。具体步骤如下：

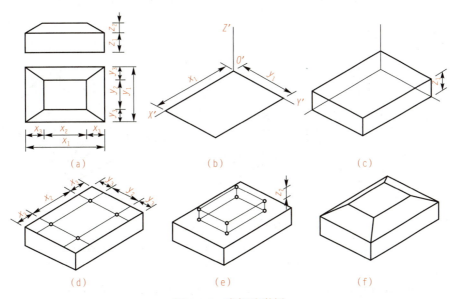

图 1.4.5　坐标法举例

（a）已知投影图；（b）画基础底画；（c）画棱柱上底；
（d）在棱柱顶面上画棱台上底的水平次投影；（e）画棱台上底；（f）连棱台侧棱

1）设置坐标系，画轴测轴。沿 $O'X'$ 方向截取棱柱底面长度 x_1，沿 $O'Y'$ 方向截取棱柱底面宽度 y_1，画出底面的轴测图［图 1.4.5（b）］。

2）从底面各个顶点引竖直线，并截取棱柱高度 z_1（即竖高度），连各顶点，得棱柱的正等测［图 1.4.5（c）］。一般情况下，画轴测图时都不画出不可见的线条。

3）棱台下底面与棱柱顶面重合。棱台的侧棱是一般线，其轴测投射方向和伸缩系数都未知，不能直接画出。此时，需先分别画出它们的两个端点，再连成斜线。要作棱台顶面的四个顶点，应先画出它们在棱柱顶面（平行于 H 面）上的次投影，再竖高度。为此，从棱柱顶面的顶点起，分别沿 $O'X'$ 方向量 x_3、x_2，沿 $O'Y'$ 方向量 y_3、y_2，并各引直线相应平行于 $O'Y'$ 和 $O'X'$，得四个交点［图 1.4.5（d）］。

4）从这四个交点（次投影）竖高度 z_2，得棱台顶面的四个顶点。连接这四个顶点，画出棱台的顶面［图 1.4.5（e）］。这种根据一点的 X、Y、Z 轴向坐标作出该点轴测图的方法，称为坐标法。

5）以直线连棱台顶面和底面的对应顶点，作出棱台的侧棱，完成基础形体的正等测［图 1.4.5（f）］。

（2）装箱法。已知台阶的投影图［图 1.4.6（a）］，求作它的正等测。

解： 台阶由两侧栏板和三级踏步组成，先逐个画出侧栏板，再画踏步。具体步骤如下：

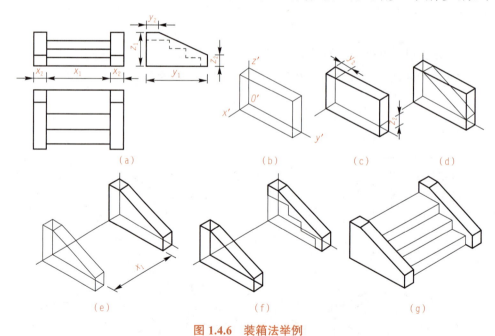

图 1.4.6 装箱法举例

（a）已知投影图；（b）画长方体；（c）画斜面两水平边；（d）画斜面；
（e）画另一侧栏板；（f）画踏步的端面；（g）画踏步

1）画侧栏板。根据侧栏板的长、宽、高画出一个长方体［图 1.4.6（b）］，然后"切"去长方体的一角，画出斜面。这个长方体好像是一个恰好把侧栏板装在里面的箱子，这种作轴测图的方法称为装箱法。

2) 侧栏板斜面上斜边轴测投影的方向和轴向伸缩系数都未知, 可先画出斜面上、下两根平行于 $O'X'$ 方向的棱边, 再连对应点画出斜面。作图时, 在长方体顶面沿 $O'Y'$ 方向量 y_2, 又在正面沿 $O'Z'$ 方向量 z_2, 并分别引直线平行于 $O'X'$ [图 1.4.6（c）]。

3) 画出两斜边, 得侧栏板斜面 [图 1.4.6（d）]。

4) 用同样方法画出另一侧栏板, 注意要沿 $O'X'$ 方向量出两栏板之间的内侧距离 x_1 [图 1.4.6（e）]。

5) 画踏步。可在右侧栏板的内侧面（平行于 W 面）上, 按踏步的侧面投影形状, 画出踏步端面的正等测, 即画出各踏步在该侧面上的次投影 [图 1.4.6（f）]。

6) 过端面各顶点引线平行于 $O'X'$, 得踏步 [图 1.4.6（g）]。

(3) 端面法。凡是画底面比较复杂的棱柱体, 都可先画端面, 再完成棱柱体的轴测图, 这种方法称为端面法。

2. 正二等轴测投影

当选定 $p_1 = r_1 = 2q$ 时, 所得的正轴测投影, 称为正二等轴测投影, 又称正二轴测图, 简称正二测。此时, $\varepsilon_1 \approx 69°$, $\varepsilon_2 = 45°$ [图 1.4.7（a）], $p_1 = r_1 \approx 0.94$, $q_1 \approx 0.47$, $\varphi \approx 7°10'$, $\sigma \approx 41°25'$ [图 1.4.7（b）]。

正二轴测图的立体感比较强, 也较常用, 但作图稍为麻烦。在画两个轴倾角时, 可用量角器量出, 但常用图 1.4.7（c）所示的方法按 1∶8 和 7∶8 的斜率画出 $O'X'$ 和 $O'Y'$。也可特制一把尺子, 配合丁字尺作图。画图时通常把 p_1 和 r_1 简化为 1, q_1 简化为 0.5, 即 $p = r = 1$, $q = 0.5$, 这时画出的正二测比实际的轴测投影稍大些 [图 1.4.7（d）]。

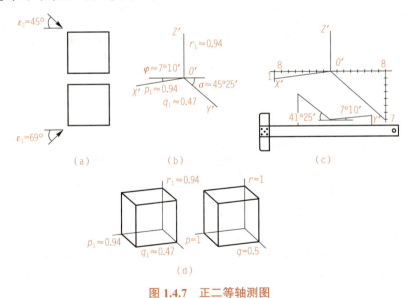

图 1.4.7 正二等轴测图

(a) 投射方向；(b) 轴倾角和轴向伸缩系数；(c) 轴测轴的画法；(d) 两种轴向伸缩系数的区别

3. 圆的正等轴测图

在平行投影中, 当圆所在的平面平行于投影面时, 它的投影还是圆。而当圆所在平面倾斜于投影面时, 它的投影成为椭圆（图 1.4.8）。

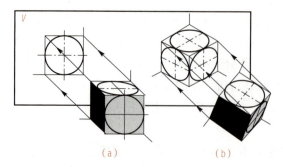

图 1.4.8 圆的正投影和正等轴测投影

平行于坐标面的圆的正等测是一个椭圆,通常用近似方法(称为"四心椭圆"法)画出,如图 1.4.9 所示。立方体三个面上的圆的正等测椭圆,大小相同,方向不一,但作图方法相同。现以平行于 H 面的圆 [图 1.4.9(a)] 为例,说明四心椭圆的作法如下:

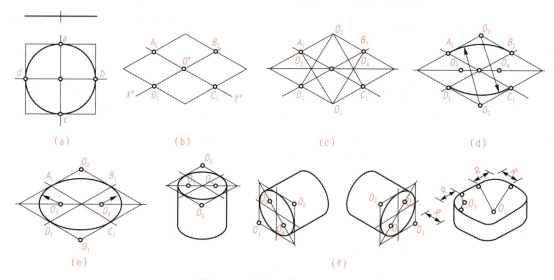

图 1.4.9 圆的正等测近似画法

(a) 平行于 H 面的圆; (b) 画中心线及外切菱形; (c) 求四个圆心;
(d) 画 $\overset{\frown}{A_1B_1}$ 和 $\overset{\frown}{C_1D_1}$; (e) 画 $\overset{\frown}{A_1D_1}$ 和 $\overset{\frown}{B_1C_1}$; (f) 三个方向的圆柱和圆角的画法

(1) 过圆心 O' 沿轴测轴方向 $O'X'$ 和 $O'Y'$ 画中心线,截取半径长度,得椭圆上四个点 B_1、D_1 和 A_1、C_1,画出外切菱形 [图 1.4.9(b)]。

(2) 菱形短对角线端点为 O_1、O_2。连接 O_1A_1、O_1B_1(或连 O_2C_1、O_2D_1),它们分别垂直于菱形的相应边,并交菱形的长对角线于 O_3、O_4,得四个圆心 O_1、O_2、O_3、O_4 [图 1.4.9(c)]。

(3) 以 O_1 为圆心,O_1A_1 为半径画圆弧 $\overset{\frown}{A_1B_1}$;又以 O_2 为圆心,O_2C_1(= O_1A_1)为半径,作另一圆弧 $\overset{\frown}{C_1D_1}$ [图 1.4.9(d)]。

(4) 以 O_1 为圆心,O_1A_1 为半径作圆弧 $\overset{\frown}{A_1D_1}$;又以 O_1 为圆心,O_1B_1(= O_1A_1)为半径作另一圆弧 $\overset{\frown}{B_1C_1}$,得近似的椭圆——四心椭圆 [图 1.4.9(e)]。

图 1.4.9(f) 中,分别画出轴线垂直于三个坐标面的圆柱,并表示出各圆柱底圆的画法。画图时,应注意各底圆的中心线方向,应平行于相应坐标面的轴测轴方向。图中还介绍了圆角

的画法。

为图面清晰,如果轴测轴 $O'X$、$O'Y$ 和 $O'Z$ 的方向已十分明确,图中可不再画出,如图 1.4.9(c)(d)(e)(f)所示。

4. 曲面体的正等轴测图

掌握了坐标面上圆的正等测画法,就不难画出各种轴线垂直于坐标面的圆柱、圆锥及其组合形体的正等轴测图。

【例】 根据带斜截面圆柱的投影图 [图 1.4.10(a)] 作正等测。

解: 形体是带斜截面的圆柱,作图时通常先画未被截割前的圆柱,再画斜截面。

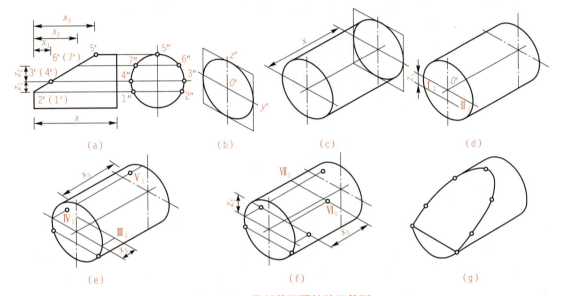

图 1.4.10 带斜截面圆柱的正等测

(a)投影图; (b)画左端面; (c)完成圆柱; (d)作点Ⅰ、Ⅱ;
(e)作点Ⅲ、Ⅳ、Ⅴ; (f)作中间点Ⅵ、Ⅶ; (g)完成截面

(1)画圆柱的左端面。确定圆心位置后,作中心线分别平行于 $O'Z'$ 和 $O'Y'$,画外切菱形和四心椭圆 [图 1.4.10(b)]。

(2)沿 $O'X'$ 方向向右度量柱高 x,作右端面椭圆;引两平行于 $O'X'$ 方向的直线与两端面椭圆相切,得圆柱的正等测 [图 1.4.10(c)]。

(3)用坐标法作截面上一系列的点。先作截交线最低点Ⅰ和Ⅱ,可在左端面上过圆心 O' 沿 $O'Z'$ 方向向下量 z_1,引线平行于 $O'Y'$ 方向,交椭圆于点 $Ⅰ_1$ 和 $Ⅱ_1$ [图 1.4.10(d)]。

(4)作截交线的最前点Ⅲ、最后点Ⅳ和最高点Ⅴ。分别过中心线与椭圆的交点引圆柱素线平行于 $O'X'$ 方向,对应量取 x_1 和 x_3,得点 $Ⅲ_1$、$Ⅳ_1$ 和 $Ⅴ_1$ [图 1.4.10(e)]。

(5)在适当位置作中间点。先在投影图上选定,如点Ⅵ和Ⅶ,得 x_2 和 z_2。按上述方法在轴测图上作图求出 [图 1.4.10(f)]。

(6)最后用圆滑曲线依次连 $Ⅰ_1$、$Ⅳ_1$、$Ⅶ_1$、$Ⅴ_1$、$Ⅵ_1$、$Ⅲ_1$ 和 $Ⅱ_1$ 各点,用直线连接点 $Ⅰ_1$、$Ⅱ_1$,擦去多余线条,得带斜截面的圆柱正等测 [图 1.4.10(g)]。

1.4.3 斜轴测图

当投射方向 S 倾斜于轴测投影面时所得的投影，称为斜轴测投影。以 V 面或 V 面平行面作为轴测投影面，所得的斜轴测投影，称为正面斜轴测投影。若以 H 面或 H 面平行面作为轴测投影面，则得水平面斜轴测投影。画斜轴测图与正轴测图，也要确定轴间角、轴向伸缩系数及选择轴测类型和投射方向。

1. 正面斜轴测图

如图 1.4.11（a）所示，设形体处于作正投影图时的位置，投射方向 S 倾斜于 V 面，将形体向 V 面投射，得形体的正面斜轴测图。它是斜投影的一种，具体的特性如下：

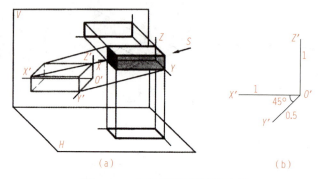

图 1.4.11　正面斜轴测图的形成

（a）长方体的正面斜轴测图的投射过程；（b）常用的轴向伸缩系数与轴倾角

（1）无论投射方向如何倾斜，平行于轴测投影面的平面图形，它的斜轴测图反映实形。也就是说，正面斜轴测图中 $O'Z'$ 和 $O'X'$ 之间的轴间角是 90°，即 $\varphi = 0°$，两者的轴向伸缩系数都等于 1，即 $p_1 = r_1 = 1$。这个特性，使得作斜轴测图较为简便，对具有较复杂的侧面形状的形体，这个优点尤为显著。

（2）垂直于投影面的 OY 轴和直线，它的轴测投影方向和轴向伸缩系数，将随着投射方向 S 的不同而变化。然而，$O'Y'$ 轴的轴倾角 σ 和轴向伸缩系数 q，互不相关，可以单独随意选择。一般多采用 $\sigma = 45°$ 和 $q_1 = 0.5$，作出正面斜二测图，如图 1.4.11（b）所示。

（3）与正轴测图相同，相互平行的直线，它们的正面斜轴测图仍相互平行。平行于坐标轴的线段的正面斜轴测图与线段实长之比，等于相应的轴向伸缩系数。根据上述投影特性和长方体的投影图，它的正面斜轴测图的作图步骤，如图 1.4.12 所示。

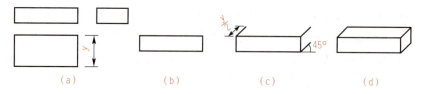

图 1.4.12　长方体的正面斜轴测图的作法

（a）投影图；（b）画出立面投影；（c）引宽度线；（d）画出后面的棱边

【例】　根据挡土墙的投影图［图 1.4.13（a）］作它的正面斜轴测图。

解：根据挡土墙形状的特点，选定投射方向是从左上向右下，即 $O'Y'$ 与 $O'X'$ 的轴间角 $X'O'Y' = 135°$，这时三角形扶壁将不被竖墙遮挡而表示清楚。

（1）画出竖墙和底板的正面斜轴测图 [图 1.4.13（b）]。

（2）扶壁到竖墙边的距离是 y_1。从竖墙边往后量 $y_1/2$，画出扶壁的三角形底面的实形 [图 1.4.13（c）]。

（3）往后量壁厚 $y_2/2$，完成扶壁 [图 1.4.13（d）]。

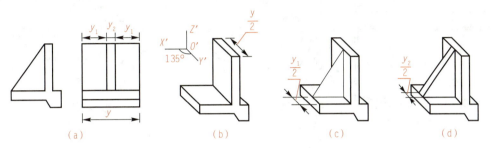

图 1.4.13 挡土墙的正面斜轴测图

(a) 已知投影图；(b) 先画竖墙和底板；(c) 画扶壁的三角形底面；(d) 完成扶壁

2. 水平面斜轴测图

形体处于作正投影时的位置，投射方向倾斜于 H 面，并向 H 面进行投射 [图 1.4.14（a）]，得形体的水平面斜轴测图。显然，$O'X'$ 与 $O'Y'$ 之间的轴间角仍是 $90°$，轴向伸缩系数都是 1，即在水平面斜轴测图上能反映与 H 面平行的平面图形的实形。至于 $O'Z'$ 与 $O'X'$ 之间的轴间角及 $O'Z'$ 的轴向伸缩系数，同样可以单独任意选择。通常，轴间角 $Z'O'X'$ 取 $120°$，$O'Z'$ 的轴向伸缩系数仍取 1 [图 1.4.14（b）]。画图时，习惯上把 $O'Z'$ 画成竖直方向，则 $O'X'$ 和 $O'Y'$ 分别与水平线成 $30°$ 角和 $60°$ 角 [图 1.4.14（c）]。这种轴测图，适宜用来绘制一幢房屋的水平剖面或一个区域的总平面图，它可以反映出房屋内部布置，或一个区域中各建筑物、道路、设施等的平面位置及相互关系，以及建筑物和设施等的高度。

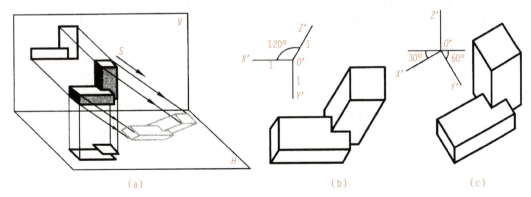

图 1.4.14 水平面斜轴测图

(a) 水平面斜轴测图的投射过程；(b) 把 H 面旋转到与 V 面重合后，高度方向是倾斜的；(c) 习惯上把 $O'Z'$ 轴画成竖直方向

【例】 作出带水平截面的房屋 [图 1.4.15（a）] 的水平面斜轴测图。

解：本例实质上是用水平剖切平面剖切房屋后，将下半截房屋画成水平面斜轴测图。

（1）先画断面，即把平面图旋转 30° 后画出。然后过各个角点往下画高度线，画出屋内外的墙脚线。要注意室内外地面标高的不同［图 1.4.15（b）］。

（2）画门窗洞、窗台和台阶，完成轴测图［图 1.4.15（c）］。

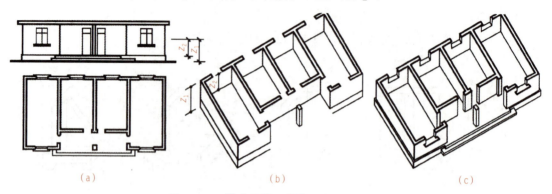

图 1.4.15　带水平截面的房屋水平倾斜图

（a）房屋的立面图和平面图；（b）画内外墙角、墙脚线和柱；（c）画门窗洞、窗台和台阶

【例】　作出总平面图［图 1.4.16（a）］的水平面斜轴测图。

解：由于房屋的高度不一，可先把总平面图旋转 30° 画出，然后在房屋的平面图上向上竖相应高度，如图 1.4.16（b）所示。

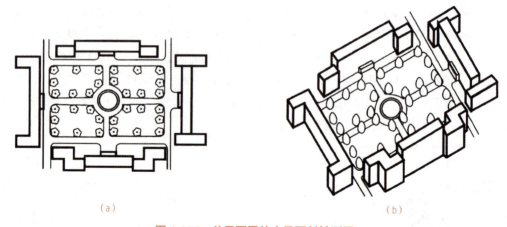

图 1.4.16　总平面图的水平面斜轴测图

（a）总平面图；（b）旋转 30° 后，按各房屋的实际高度竖高度

1.4.4　轴测图的选择

1．选择轴测图的种类

关于轴测图种类的选择，首先是能将形体表达清楚，其次是考虑作图方便。图 1.4.17（a）所示为形体的三面投影图，图 1.4.17（b）所示为正等轴测图，图 1.4.17（c）所示为斜二轴测图。在斜二轴测图上，该形体的孔才能表明是通孔，方能把形体表达得完整。

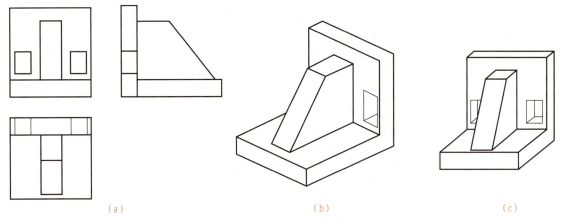

图 1.4.17 轴测图的选择对比之一

图1.4.18（a）所示为形体的主视图，图1.4.18（b）为形体的正视图，图1.4.18（c）为形体的正轴测图，能够表达立体感，但是其中通孔的表达不清楚，图4.1.18（d）为其斜二轴测图，通孔的表达非常清晰。

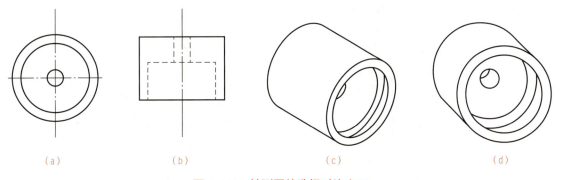

图 1.4.18 轴测图的选择对比之二

图1.4.19（a）所示为正等轴测图，图中有两个平面积聚成直线，图示效果不佳，而图1.4.19（b）所示为斜轴测图，效果很明显。

图1.4.20（a）所示的正等轴测图立体感强，图1.4.20（b）所示为斜二轴测图，有失真的感觉。

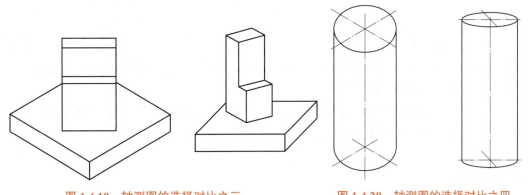

图 1.4.19 轴测图的选择对比之三　　　　图 1.4.20 轴测图的选择对比之四

2. 选择观察方向

如图 1.4.21 所示，两个图同样是斜二等轴测投影，但不同的观察方向图示效果不同。图 1.4.21（a）所示为从左、前、上方观察；图 1.4.21（b）所示为从右、前、上方观察，可见图 1.4.21（a）的效果好。

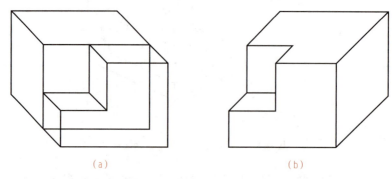

（a）　　　　　　　　　　（b）

图 1.4.21　观察方向选择对比之一

如图 1.4.22 所示，两个图都是正等轴测图，图 1.4.22（a）所示为从下方观察，柱头从下方观察表达明显；图 1.4.22（b）所示为从上方观察，可见表达不完整，效果也不好。

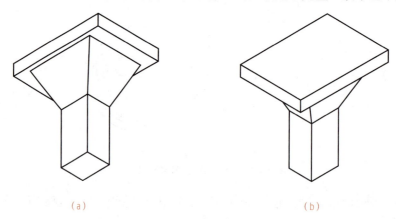

（a）　　　　　　　　　　（b）

图 1.4.22　观察方向选择对比之二

思考与总结

1. 什么是轴测投影？它与正投影图比较有哪些特点？

2. 轴测投影有什么特性？为什么画轴测投影时必须沿着平行于轴测轴的方向，按相应的轴向伸缩系数来画形体的相应线段？

3. 正等测、正二测和正面斜轴测、水平面斜轴测有什么区别？它们的轴倾角（轴间角）和轴向伸缩系数有什么不同？什么样的形体该选用哪一种轴测投影？

课后练习

1. 作正等轴测图（图 1.4.23）。

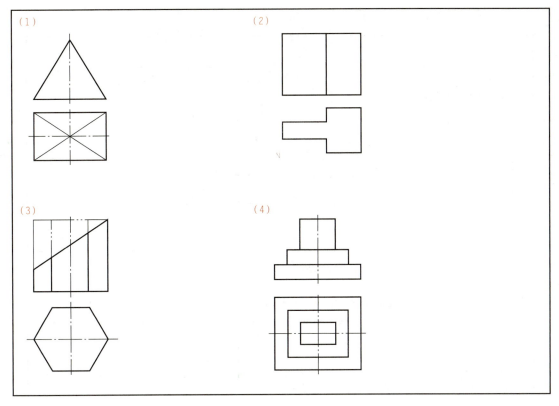

图 1.4.23 作正等轴测图

2. 作正等轴测图（图 1.4.24）。

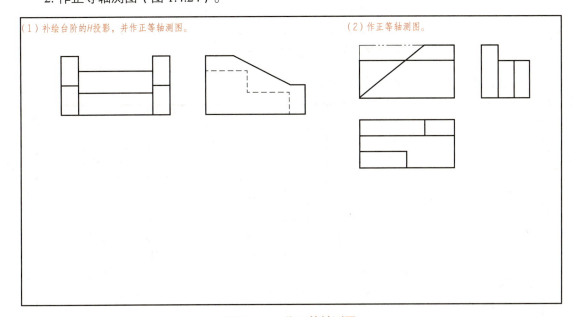

图 1.4.24 作正等轴测图

3. 作正等轴测图（图 1.4.25）。

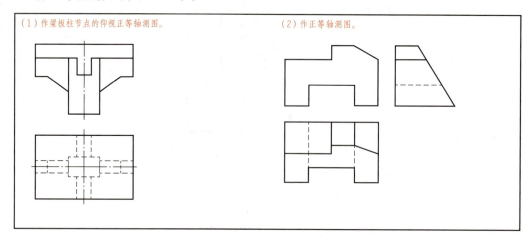

图 1.4.25　作正等轴测图

4. 作正二轴测图，或自选轴测种类（图 1.4.26）。

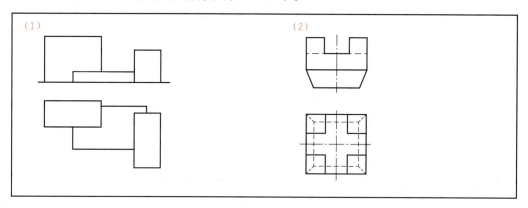

图 1.4.26　作正二轴测图（或自选轴测种类）

5. 作曲面体的正等轴测图（图 1.4.27）。

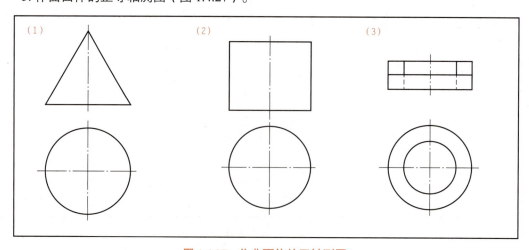

图 1.4.27　作曲面体的正轴测图

6. 作正面斜轴测图，或自选轴测种类（图 1.4.28）。

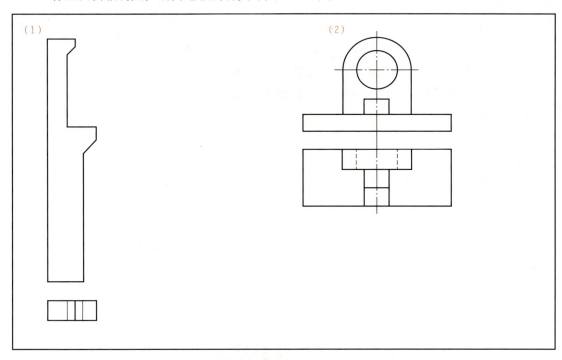

图 1.4.28　作正面斜轴测图（或自选轴测种类）

7. 作轴测图，自选轴测种类（图 1.4.29）。

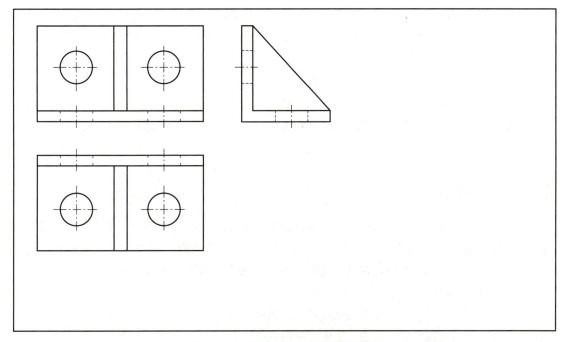

图 1.4.29　作轴测图，自选轴测种类

📖 评价反馈

1. 学生自我评价及小组评价
（1）是否明确轴测投影图的概念、类型、特性？□是 □否
（2）是否掌握所学正轴测投影和斜轴测投影的种类及基本绘制方法与技巧？□是 □否
（3）是否能够根据实际情况选择合适的轴测投影图？□是 □否
参评人员（签名）：_____
2. 教师评价
教师具体评价：
评价教师（签名）：_____　　　　　　　　　　　　　年　　月　　日

📖 知识面拓展

在生活中找到三件以上的物品（如家具、电器或其他物品），分析其形体，绘制其轴测投影图，注意要分别运用两种或以上不同的轴测投影图类型。

1.5　透视图基础

应知理论：理解透视的基本原理、分类和特性。
应会技能：掌握不同类型透视图的形成方法、基本画法。
应修素养：通过透视图的练习提升对空间和尺度的把握能力，明确把握尺寸的概念，养成严谨的作图习惯。

学习任务描述：
1. 理解和掌握透视图的基本原理与作图方法。
2. 理解和掌握根据平面图绘制透视图的相关内容，理解其在工程制图中的意义。
3. 完成课后思考题和配套练习。

■ 1.5.1　基础概念

人们在现实中看到的所有景物，由于距离远近不同、观看方位不同，在视觉中会形成不同的成像，这种现象就是透视现象（图1.5.1）。研究这种现象规律的学科，就是透视学。利用透视学归纳出来的规律和方法，在平面进行模拟透视现象的作图，就称为透视图。

1. 透视的基本法则

（1）近大远小。等大的物体会呈现距离观察者越近成像越大、距离越远成像越小的特点。另外，还存在近疏远密、近实远虚、近明远暗的规律。

（2）消失点。只要有透视，只要存在近大远小的基本规律，就必然存在消失点。消失点的多少，也决定了透视图作法的几个基本类型。

图 1.5.1　近大远小的透视现象

（3）与画面平行的线条，在透视中仍保持平行关系；与画面相交的线条，遵循近大远小的规律，在透视中趋向于一点，即消失点。

2．透视的基本类型

根据消失点的多少，在空间透视上有一点透视、两点透视、斜角透视、三点透视、散点透视等类型。在透视制图中，主要运用的是前三种（图1.5.2）。

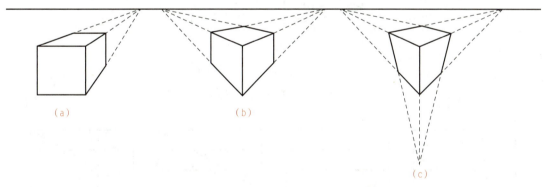

图 1.5.2　一点透视、两点透视和三点透视
（a）一点透视；（b）两点透视；（c）三点透视

3．透视作图初步

（1）对角线等分法。人们都知道，要找出矩形的中心点，只要画两条对角线得到交点，即矩形的中心点（图1.5.3）。而在发生透视变化的矩形中，这一原理同样适用（图1.5.4）。

在手绘空间效果图时，常常会遇到各种方形物体等距离排列或并列的情况，如书柜、衣柜的相同多个门，或是装饰背景墙上的等距竖条状装饰，这时就可以运用对角线等分的原理，进行较为精确的透视等分。

1）利用对角线进行矩形二等分和四等分（图1.5.4）。
2）利用对角线进行矩形三等分（图1.5.5、图1.5.6）。
3）利用对角线进行矩形多次等分（图1.5.7）。
4）矩形的三等分和五等分的特殊画法（图1.5.8）。

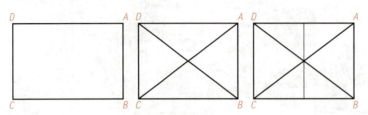

图1.5.3 矩形对角线的交点即为中心点

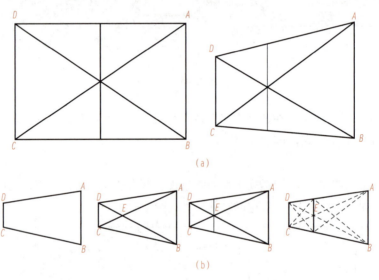

图1.5.4 透视图中的矩形二等分和四等分
（a）二等分；（b）四等分

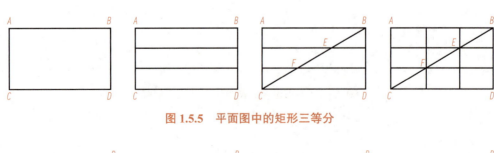

图1.5.5 平面图中的矩形三等分

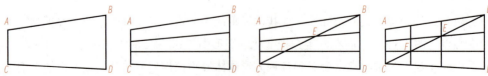

图1.5.6 透视图中的矩形三等分

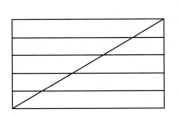 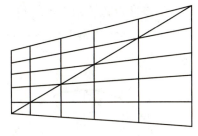

图 1.5.7 透视图中的矩形多次等分

 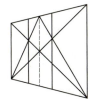 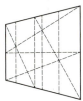

图 1.5.8 矩形三等分和五等分的特殊画法

（2）利用对角线延续透视面。已知矩形 *ABCD*，作 *AC* 和 *BD* 两根对角线，得到点 *E*；过点 *E* 作 *AD* 的平行线，交 *CD* 于点 *F*；连接 *AF*，并延长交 *BC* 于点 *G*，过点 *G* 作垂线交 *AD* 延长线于点 *H*，*DCGH* 面即为 *ABCD* 面的延续面。以此类推可连续做延续面（图 1.5.9）。

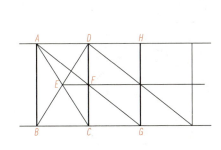 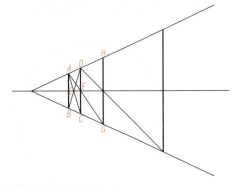

图 1.5.9 利用对角线延续透视面

（3）圆的透视作法。圆在画面上，或圆所在的平面与画面绝对平行，圆的透视成像为正圆；圆所在的平面通过视点，圆的透视成像为一条直线。直线的长度为圆的直径；除上述情况外，圆的透视成像为椭圆（图 1.5.10）。

1）八点求圆法。在与圆直径等边的正方形上，找到四条边的中点 1、2、3、4，做直线连接 1 和 3 及 2 和 4，形成垂直和水平两条直线，将正方形等分为四个小正方形，选择其中一个小正方形（如图中选择的左上角的小正方形）做两条对角线，得到交点 *C*，经过 *C* 点做垂直线，并与大正方形交于 *A* 点，连接 *A*、

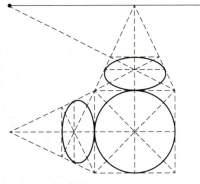

图 1.5.10 圆的透视现象

B 两点，得到 O 点，经过 O 点作水平线，与大正方形的对角线交于 6、7 两点，过 6、7 两点作垂直线，与大正方形的对角线交于 5、8 两点。光滑连接 1、2、3、4、5、6、7、8 八个点，可完成圆的作图（图 1.5.11）。

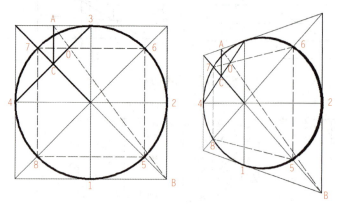

图 1.5.11　八点求圆法

2）十二点求圆法。在与圆直径等边的正方形上，作 16 等分，得到 1、2、3、4 和 B、F、G、J、K、L、M 几个点，分别连接 A、F 和 B、E 及 K、H 和 E、M，即求得 2、12、11、9 四个点。再分别连接 J、D 和 A、L 及 C、H 和 G、D，即可求得 3、5、6、8 四个点。最后，光滑连接 1～12 个点，完成作图（图 1.5.12）。

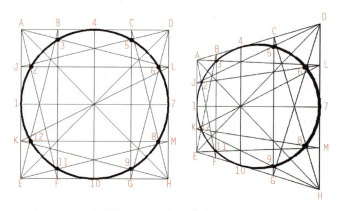

图 1.5.12　十二点求圆法

3）徒手画圆。通过取 1/2 对角线的 2/3 点来进行快速定位和参考（图 1.5.13）。需要注意的是，转角太尖、平面倾斜、前后半圆关系不对等，都是徒手画圆容易出现的问题（图 1.5.14）。

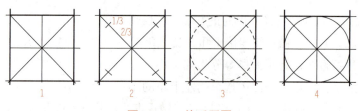

图 1.5.13　徒手画圆

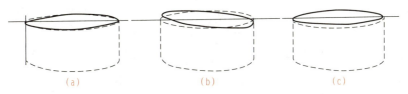

图 1.5.14　徒手画圆要注意的问题

（a）转角太尖；（b）平面倾斜；（c）前半圆小于后半圆

■ 1.5.2　一点透视

顾名思义，一点透视有且只有一个消失点，相对其他透视类型来说更易把握。在视觉上有较强的纵深感，适合表现庄重、对称的空间对象。其缺点是画面容易显得呆板、沉闷（图 1.5.15）。

图 1.5.15　一点透视

1. 基本特征

（1）有且只有一个消失点（也称"灭点"）。

（2）空间/物体至少有一个面与画面绝对平行。故也称为"一点平行透视"或简称"平行透视"。与画面平行的面保持原来的形状不变，与画面相交的面远离视平线越宽，靠近视平线越窄，与视平线同高则呈一条直线。

（3）画面中有且只有三种方向的线条，即绝对水平、绝对垂直和消失于灭点。

2. 作图方法

（1）基本方法示范：假设一个房间长为 5 m，宽为 4 m，高为 3 m，并确定观察者的位置和观看方向（图 1.5.16）。

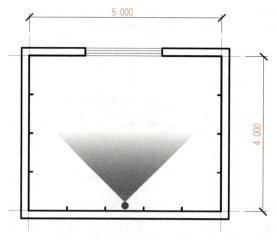

图 1.5.16 基本方法示范

1) 从内向外，顾名思义要先画出对面墙面，即一个代表 5 m×3 m 的矩形。但是如果按 1∶1 来画是不可能的（没有这么大的纸），所以人们就要确定一个绘图的比例，将这么大的房间等比例地缩小。以 A4 纸为例，建议采用 1∶50 的比例，也就是用 2 cm 代表现实中的 1 m。

所以，先把 A4 纸横幅放置，然后在中间的位置，画一个 10 cm×6 cm 的矩形，并每 2 cm 一格，用点做好刻度标记，如图 1.5.17①所示。

2) 在画好的矩形上，轻轻绘制一条视平线。视平线的高度最好在矩形正中偏下一些，如图 1.5.17②所示。

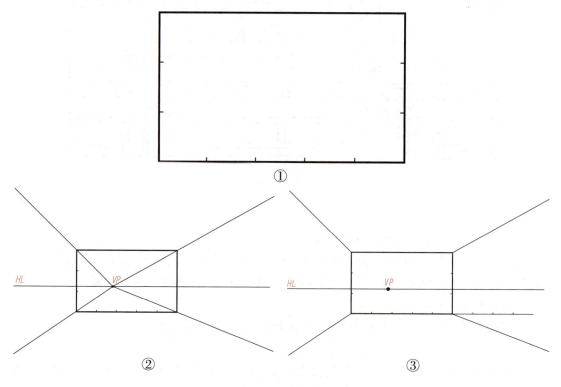

图 1.5.17 一点透视步骤分解

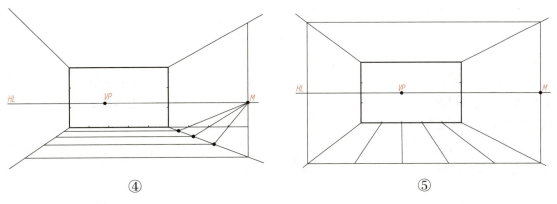

图 1.5.17 一点透视步骤分解（续）

3）在视平线上，确定一个消失点。建议在整个矩形水平距离的中间三分之一范围内任意确定。然后从消失点对矩形的四个端点连线，形成上下左右四面墙，如图 1.5.17③所示。

4）在左右两面墙中，找到较宽的一面墙（如果消失点在正中，则左右两边墙一样宽，任选一边即可），然后以空间进深为依据，在内部矩形下边线的外侧作延长线，并标记出刻度。本案例中，房间进深为 4 m，故作一根 8 cm 长的延长线，每 2 cm 作一刻度标记，如图 1.5.17④所示。

5）延长线的末端，即为空间边界。延长线末端的空间边界与视平线的交点，为测点（M），连接 M 点与延长线上的每一个刻度，并延长至地面边界上分别得到交点，如图 1.5.17⑤所示。参考例图，最终完成空间的一点透视图。

（2）举例：根据图 1.5.18 所示的平面图和立面图，用一点透视从内向外法，绘制一点透视效果图（整个过程请参看图 1.5.19）。

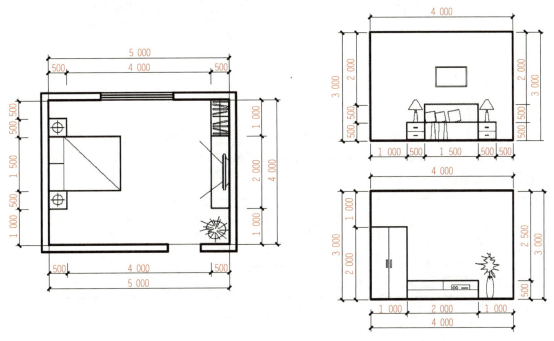

图 1.5.18 一点透视举例

需要注意以下几个问题:

1)在建筑和装饰工程制图中,一般采用 mm 为单位。大家要习惯用 mm 为单位进行尺度描述。

2)空间透视图完成后,地面会形成 1 000×1 000 为单元的网格,不但可以直接作为地板砖的表现,更可以形成尺寸上的参考。此时在地面网格中,可以根据平面图提供的尺寸位置,先绘制出家具的地面投影,然后根据立面图提供的尺寸,画出正确的家具高度。

3)把家具画出基本的立方体后,要停笔检查,确保家具的尺寸和位置无误后,再添加细节。最后在铅笔稿的基础上用中性笔描一遍,完成制图。

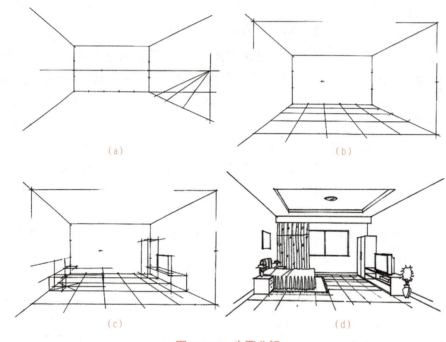

图 1.5.19 步骤分解

3. 一点透视的三大控制要素

(1)视平线(*HL*)。视平线的高度,就是眼睛所处的高度。视平线在画面中的上下变化,可以引起天花和地面的宽窄变化。因此,根据需要来确定视平线的高度非常重要,也是决定一点透视效果的第一步(图 1.5.20)。

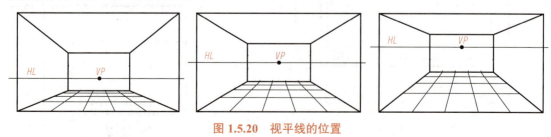

图 1.5.20 视平线的位置

(2)消失点(*VP*)。消失点也称灭点,是透视延伸最终灭失的端点,同时,也表达了观看的角度和方向。消失点一定是在视平线上，因此绘制透视图时，首先要确定视平线，然后在视平线上确定消失点的位置。消失点在视平线上的位置，可以决定左右两边墙的宽度（图 1.5.21）。

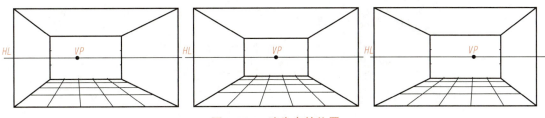

图 1.5.21　消失点的位置

但是消失点的位置不能太偏，最好在与画面平行的对面墙宽中部三分之一的范围内，根据需要来确定消失点的位置（图 1.5.22）。

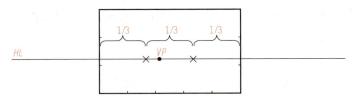

图 1.5.22　消失点的合适位置

（3）测点（M 点）。理论上，视平线和消失点已经能够对空间的透视效果起到决定作用，但在实际作图中，还涉及空间进深以什么样的比例实现近大远小的问题，这就涉及第三个控制要素——测点（M 点）。

首先，M 点最好位于较宽的那一侧墙面；同时，测点与墙边线的距离，应根据空间进深来确定。例如，当空间进深为 4 m 时，就应当依据全图比例，将 M 点确定在距离墙线 4 m 的相应刻度标记上（图 1.5.23）。

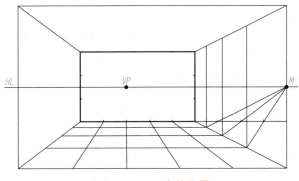

图 1.5.23　M 点的位置

【注】　视平线、消失点和测点，就是透视效果的三大控制要素。在两点透视图和微角透视图中也同样适用。

1.5.3　两点透视

顾名思义，两点透视有两个消失点，物体与画面呈一定的角度，故也称为"成角透视"。除垂直线外，物体各个面的各条平行线向两个方向消失在视平线上，从而产生两个消失点（图 1.5.24）。

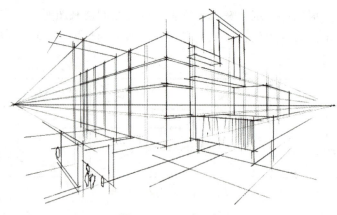

图 1.5.24 两点透视

两点透视方法表现出的立体感很强,画面效果自由活泼,所反映的空间效果比较接近人的真实感觉,用于描述物体极具表现力。其缺点是两个消失点在作图时显得复杂,而且角度控制不好容易产生过度变形。

1. 基本特征

(1)有两个消失点(也称"灭点"),均位于视平线上。

(2)空间/物体没有面与画面绝对平行。

(3)画面中有且只有三种方向的线条,即绝对垂直、指向消失点一、指向消失点二。

2. 作图方法

(1)基本方法示范:表现空间的两点透视效果,可以采用双向加倍法来进行绘制。在这里,也采用一个开间 5 m、进深 4 m、高 3 m 的空间作为分析对象(图 1.5.25)。具体步骤如图 1.5.26 所示。

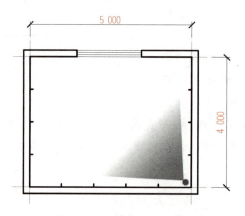

图 1.5.25 基本方法示范

1)一点透视(平行透视)是先画一个面,而两点透视(成角透视)则是先画一个角。角在画面中,就表现为一根线。因此,在横置的 A4 纸面的中间位置,先画一根线来代表层高。同样的,在画之前,也要先明确绘图比例。在 A4 幅面中,建议采用 1.5 cm 代表现实中 1 m。也就是先画一根 4.5 cm 的竖线,并每 1.5 cm 用点作一刻度标记。

在竖线底部,向左右两边绘制进深控制线。该空间在平面上是 4 m×5 m,所以,在竖线底部向一边绘制 1.5 cm×4=6 cm 的横线,向另一边绘制 1.5 cm×5=7.5 cm 的横线,均做好刻度标记。

在竖线的合适高度确定视平线,画长一些[图 1.5.26(a)]。

2)在视平线上确定两个消失点的位置。消失点的位置两倍墙面尺寸处。分别从两个消失点连接中间竖线的上下端点并延伸,稍微画长一些[图 1.5.26(b)]。

3)根据前文提到的原则,确定两个测点,通过测点连接底部进深控制线的刻度,并延长至下方墙边界形成若干交点[图 1.5.26(c)]。

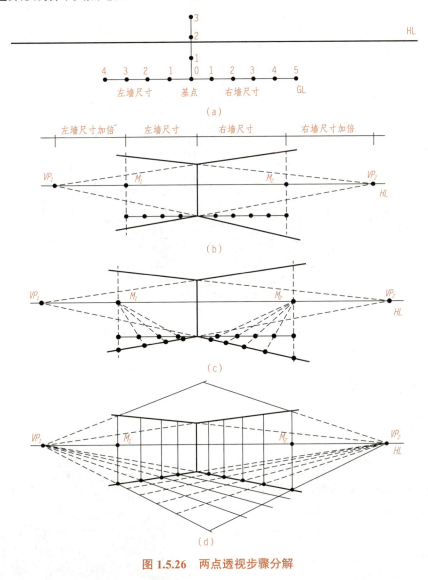

图 1.5.26 两点透视步骤分解

4)从消失点进行透视线连接。完成空间的两点透视[图 1.5.26(d)]。

(2)举例:在前面空间的基础上,参考一点透视从内向外法示范案例中的平面布置图和立面图，对本案例的两点透视空间进行内容填充（图1.5.27）。

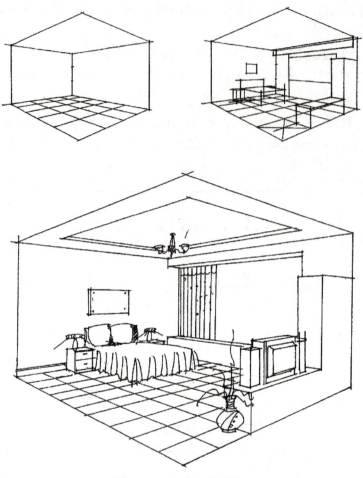

图1.5.27　两点透视举例

1.5.4　微角透视

1. 基本特征

严格意义上，微角透视属于两点透视，但呈现形式又比较接近一点透视（所以也在很多教材中称为一点斜透视，或斜角透视等）。微角透视是在一点透视的基础上，增加一个很遥远的消失点，使画面中原本水平平行的线条略微产生透视倾斜，指向这个遥远的消失点（图1.5.28）。

微角透视不但保留了一点透视可见5个面的重要优势，同时，又兼具了两点透视所

图1.5.28　微角透视

具有的活泼感和张力,弥补了一点透视略显呆板的遗憾,可以说是室内设计表现中最具表现力的透视形式。

2. 作图方法

(1) 基本方法示范:可以在一点透视的基础上,进行微角透视的变形。在这里也同样用这个开间 5 m、进深 4 m、高 3 m 的空间作为示范(图 1.5.29)。

1) 用一点透视的方法画出该空间的一点透视效果图,找到 A、1、2、3、4、B 点,此时地面网格千万不要画得太重,尤其是水平方向的网格线和有些辅助线可以不用画出来(只需要用尺子比好,然后找到相应的点即可)[图 1.5.30(a)]。

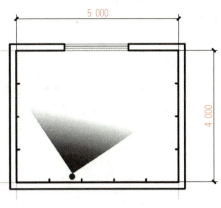

图 1.5.29 基本方法示范

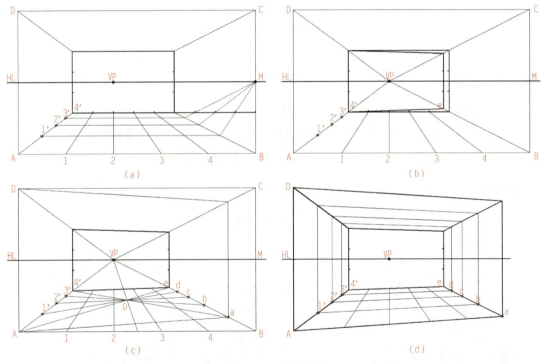

图 1.5.30 步骤分解

2) 选择对面墙的一侧进行微角偏移(角度不要过大)。如图中选择的是右侧,先从 B 点,作一根略微往内倾斜的线交右下边界线于 e 点,从 e 点出发完成新的具有微角倾斜的新墙面,并且擦除原有的墙面(所以之前一定要画轻一些)[图 1.5.30(b)]。

3) 连接 A 和 e,找到 AB 线的中点 O,连接 VP 与 O,交 Ae 线于 O,然后分别从 1′、2′、3′、4′ 出发连接 O,并延长得到 a、b、c、d 四个交点 [图 1.5.30(c)]。

4) 完成微角透视图的绘制 [图 1.5.30(d)]。

(2) 举例:将一点透视示范案例变形为斜角透视效果图(图 1.5.31)。

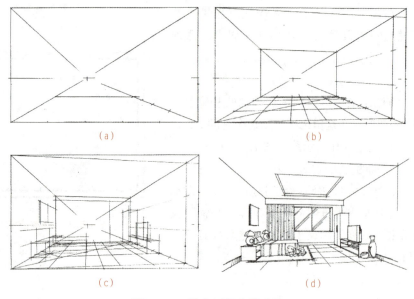

图 1.5.31 微角透视步骤分解

思考与总结

1. 什么是透视图?它与正投影图比较有哪些特点?
2. 学习了哪几种类型透视图?分别有什么特性?基本的制图方法和流程分别是什么?
3. 视平线、消失点、测点的意义、作用和确定方法是什么?

课后练习

1. 根据尺寸并参考完成图,临摹绘制一点透视效果图(图 1.5.32)。

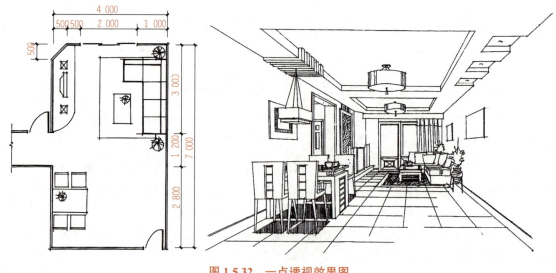

图 1.5.32 一点透视效果图

2. 根据尺寸并参考完成图,临摹绘制两点透视效果图(图 1.5.33)。

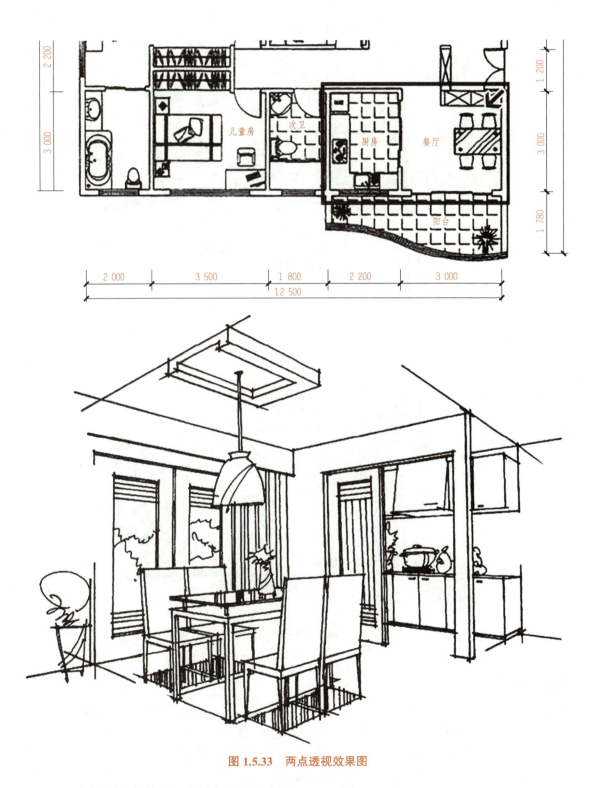

图 1.5.33 两点透视效果图

3. 目测比例临摹绘制两张斜角透视图（图 1.5.34、图 1.5.35）。

图 1.5.34　斜角透视效果图

图 1.5.35　斜角透视效果图

评价反馈

1. 学生自我评价及小组评价

（1）是否明确透视图的概念、类型、特性？□是　□否

（2）是否掌握所学透视图的种类和基本绘制方法与技巧？□是　□否

（3）是否能够根据实际情况选择合适的透视图？□是　□否

参评人员（签名）：＿＿＿＿＿＿＿＿＿

2. 教师评价

教师具体评价：

评价教师（签名）：_____　　　　　　年　月　日

知识面拓展

测量所在寝室或教室，绘制平面图和立面图并标注尺寸，然后尝试根据平面图和立面图尺寸绘制三种透视图。

徒手绘图和透视绘图的练习案例集，请扫码下载

（提取码：kjhc）

模块2　AutoCAD软件基础

模块任务描述

　　计算机应用普及以来，各个行业的工作效率都极大提高，在装饰工程制图行业也同样如此，以前需要手工绘制的复杂图纸，现在可以利用计算机软件轻松、方便、准确地完成。目前在全球使用最广泛的二维制图软件是美国Autodesk（欧特克）公司出品的AutoCAD软件，因其良好的用户界面、便捷的操作设计和强大的制图功能，广泛应用于土木建筑、装饰装潢、工业制图、电子工业和服装加工等多方面领域。

　　因此，人们需要对软件的基本操作和工作方法有充分的理解与把握，在理解的基础上进行反复练习，力求达到熟练运用，这样才能充分发挥计算机软件的性能优势，提高作图效率和准确性。

　　注：本模块教学用AutoCAD软件以高版本为主（2021版本），但会兼顾低版本，特此说明。

学习任务关系图

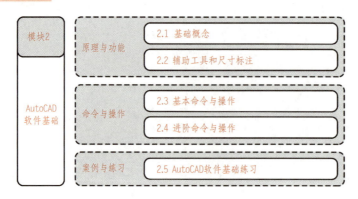

2.1 基础概念

应知理论：熟悉 AutoCAD 软件的界面功能、特性、坐标系统和角度系统原理。
应会技能：掌握 AutoCAD 软件的基本文件操作和绘图操作。
应修素养：养成打好基础、循序渐进的学习态度。
学习任务描述：
1. 打开 AutoCAD 软件对照教材进行理论学习和基本操作的训练。
2. 反复练习各项操作，达到熟练程度。
3. 完成课后思考题和配套练习。

2.1.1 软件界面

一个完整的 AutoCAD 2021 版操作界面包括标题栏、菜单栏、工具栏（高版本替换为功能区）、绘图区、十字光标、坐标系、命令行、模型/布局标签、状态栏/功能按钮、滚动条等。具体如图 2.1.1 所示。

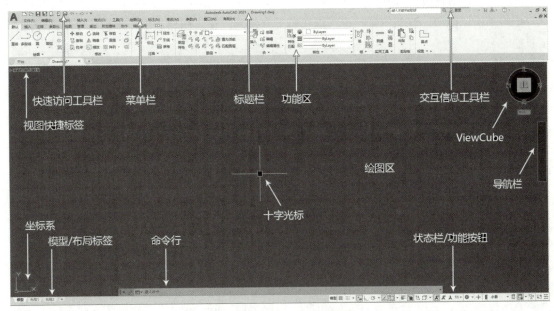

图 2.1.1 AutoCAD 界面

1. 标题栏

（1）标题栏在软件界面的最上方。标题栏最左边是一个 logo，也是一个按钮，单击可以弹出操作菜单；logo 右侧是快速访问工具栏，列出了一些常用文件操作工具，如新建、打开等，可以通过该工具栏右边的下拉菜单来开关这些工具按钮。下拉菜单中还可以选择是否显示菜单栏等。

（2）标题栏正中间是软件名称、当前文件名称；低版本的在左侧。

（3）标题栏右侧是交互信息工具栏，有搜索、登录等功能；最右侧是基本控制按钮（最小化、最大化和关闭）。

2. 菜单栏

菜单栏包含了软件中的几乎所有命令和功能。菜单栏默认是不显示的，可以在标题栏上快速访问工具栏的下拉菜单中选择显示。

3. 功能区或工具栏

低版本 AutoCAD 是工具栏的模式，而高版本则是功能区的模式。原理都是把一些常用工具和功能设计成单独的按钮以提高作图效率。

（1）功能区。功能区是高版本 AutoCAD 的默认形式，低版本不具备。开关方法：菜单栏"工具"→"选项板"→"功能区"。

功能区有自己的标题栏（菜单栏下方，跟菜单栏很类似）；其右侧有一个折叠按钮，可以折叠功能区；还有一个下拉菜单小三角，可以选择将功能区最小化或全部显示。

（2）工具栏。工具栏是低版本 AutoCAD 的唯一形式，高版本可以选择是否启用，启用方法是菜单栏"工具"→"工具栏"→"AutoCAD"，也可以在工具栏空白处单击鼠标右键调出。

常用工具栏有标准、样式、工作空间、图层、特性、绘图、修改等。

工具条可以拖动，改变位置；也可以在右下方找到"锁定用户界面"来锁定浮动或固定的工具栏。

4. 文件卡标签

单击进行文件切换。可以执行菜单栏"工具"→"选项"命令（或 OP），在弹出的选项对话框"显示"选项中对"显示文件选项卡"选项进行勾选。

5. 绘图区域及图形界限

（1）整个中间黑色屏幕，都是绘图区域。屏幕的大小有限，但里面的绘图空间理论上是无限的。但是一个 CAD 文件会在这个无限的空间里设置一个绘图的基本范围，称为图形界限。

（2）新建文件的默认图形界限范围很小，只有 A3 大小（420 mm×297 mm），这时突然画一个很大的图形，通过滚动滑轮会无法完全缩放。此时，可以通过双击鼠标滚轮，把所画图形找出来。另外，也可以先把图形界限设置大一点。

设置途径："格式"→"图形界限"（或输入 limits）；进入设置后首先指定原点，这一步可以直接按空格键（就使用他默认的原点）；其次指定对角点，需要自己输入，图形界限可以设置大一些，如 A3 的 1 000 倍，那么就输入"420 000，297 000"（一定要英文输入法，中间一定要是逗号）完成设置。

6. 命令行窗口（文本窗口）

命令行窗口位于绘图窗口下方，可以通过快捷键 Ctrl+9 来关闭或调出。所有的命令操作都会在此记录和显示，是人机对话的窗口。

【注】 类似的常用快捷键还有最大化绘图区 Ctrl+0、特性对话框 Ctrl+1、计算器 Ctrl+8 等。每个数字都有对应功能，可以自己试试。

7. 模型/布局标签

单击切换模型空间和布局空间，可以增加、删除、重命名布局标签。

8. 状态栏/功能按钮

（1）坐标、辅助工具按钮等可以在最右侧（也就是整个软件的最右下角）单击"自定义"按钮（2007 版称"状态栏菜单"），根据需要选择显示的工具。

（2）具体功能按钮如图 2.1.2 所示。

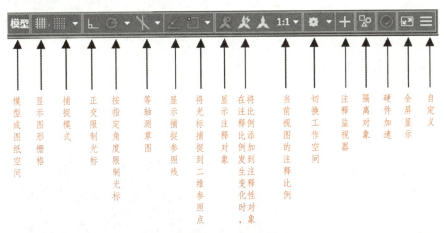

图 2.1.2　状态栏及功能按钮介绍

9. 创建"CAD 经典界面"

AutoCAD 2015 版本以后，取消了"经典界面"的直接切换。但是如果需要，可以手动修改并保存，步骤如下：

（1）在标题栏的快速访问工具栏下拉菜单中，单击"显示菜单栏"按钮。

（2）执行菜单栏"工具"→"选项板"→"功能区"命令，关闭功能区。

（3）执行菜单栏"工具"→"工具栏"→"AutoCAD"命令，调出标准、样式、工作空间、图层、特性、绘图、绘图次序、修改工具栏，并进行排列，排列好以后可以在状态栏进行锁定。

（4）拖动调整命令行窗口（根据需要设置，其实高版本的模式也很好用）。

（5）执行菜单栏"工具"→"选项"（或 OP）→"显示"命令，单击"颜色"按钮，将二维模型空间统一背景设置为黑色。

（6）单击最右下角的"自定义"按钮，根据需要调整功能按钮，可以将坐标关闭。

（7）单击"栅格"功能按钮，关闭屏幕中的网格显示。

（8）单击视图快捷标签[−]符号，单击"ViewCube"和"导航栏"按钮，将这两个关闭（根据需要设置，也可以保留）。

（9）单击"切换工作空间"按钮旁的下拉三角按钮，在弹出的下拉列表中单击"将当前工作空间另存为"按钮，在弹出的对话框中输入"CAD 经典界面"，单击"保存"按钮即可，记住一定要保存，否则下次打开就没有以上设置了。

视频：创建"CAD 经典界面"

（10）经过以上设置和保存以后，就可以在"草图与注释"（即高版本默认界面）和"CAD 经典界面"之间随时切换了。

■ 2.1.2　基本文件操作：新建/打开/保存/关闭

1. 新建（新建一个空白文件）

（1）传统途径新建：新建一个空白文件的操作途径有很多，传统的方法包括单击标题栏 logo；单击标题栏上的快速访问工具栏；单击菜单栏"文件"；快捷键 Ctrl+N（New）。

（2）通过"开始"界面新建：在有"开始"界面的高版本 CAD 中，可以直接单击"开始绘制"按钮，会默认打开下方"样板"中已经选择好的模板。这种方式的新建将不会弹出对话框，而是直接进入模板。

开始装饰工程制图可以选择"acadiso"样板；也可以在弹出的对话框中的右下角，单击下拉三角，单击"无样板 – 公制"，如图 2.1.3 左侧所示，框内的两个样板都可以。

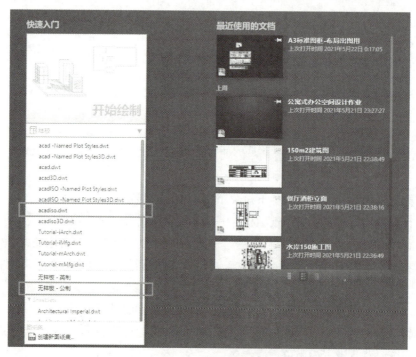

图 2.1.3　开始页面

（3）新建不显示对话框的解决办法：如果单击"新建"按钮以后，不弹出对话框，只弹出一行文字，可以输入 FILEDIA，按 Enter 键，再输入 1 按 Enter 键即可，如图 2.1.4 所示。

图 2.1.4　新建不显示对话框的解决办法

2. 打开（打开一个已有文件）

（1）传统途径打开：与新建一样，打开文件的操作途径有很多，可以单击标题栏 logo；单击标题栏上的快速访问工具栏；单击菜单栏"文件"；或者快捷键 Ctrl+O（Open）。

（2）通过"开始"界面打开：在高版本 CAD 的"开始"界面中，也可以直接单击"打开文件"按钮或"打开图纸集"按钮等，在快速入门的右侧列出了"最近使用的文档"，如图 2.1.3 右侧所示，还可以在栏目下方单击改变文档显示方式。

3. 保存与另存

（1）操作方法：单击标题栏 logo；单击标题栏上的快速访问工具栏；单击菜单栏"文件"；快捷键 Ctrl+S（Save）；另存为是 Shift+Ctrl+S（另存的意义在于重新选择保存路径，新文件第一次保存就是另存）。

（2）在制图的过程中一定要经常保存。重要的项目文件建议多保存几个地方。

（3）CAD 软件有自动保存的功能：执行菜单栏"工具"→"选项"命令（或 OP），在弹出的"选项"面板"打开和保存"勾选"自动保存"（默认间隔时间 10 分钟）。

视频：AutoCAD 保存时不显示对话框的解决办法

另外，要查看自动保存文件的位置，可以执行菜单栏"工具"→"选项"命令（或 OP），在弹出的"选项"面板"文件"选项卡选择"自动保存文件位置"命令，如图 2.1.5 所示。可以复制此地址，然后打开 Windows 的文件夹，在地址栏粘贴这个地址再按 Enter 键，可以通过文件夹的"类型筛选功能"，找出图形文件和自动保存文件，将自动保存文件的后缀".bak"改为".dwg"即可打开。

图 2.1.5　自动保存文件位置

（4）还可以通过执行菜单栏"文件"→"图形实用工具"→"图形修复管理器"命令，查找近期保存的文档。

（5）保存时可以选择版本，建议选择 2007 版本，也可以设置默认保存版本：执行"工具"→"选项"（或 OP）→"打开和保存"命令。

（6）AutoCAD 文件后缀为 .dwg；样板文件后缀为 .dwt。

4．关闭文件

（1）操作方法：单击标题栏 logo；单击标题栏上的快速访问工具栏；单击菜单栏"文件"；快捷键 Ctrl+Q（Quit）。关闭前要记得先保存文件。

（2）可以单独关闭当前文件，也可以直接关闭整个软件，如图 2.1.6 所示。如果直接关闭软件，并且软件中打开了多个文件，会逐一提示是否保存。

图 2.1.6　软件操作与文件操作

【注】　补充 Windows 系统其他通用快捷键：Ctrl+A 全选，Ctrl+X 剪切，Ctrl+C 复制，Ctrl+V 粘贴，Ctrl+Z 撤销，Ctrl+Y 重做；Win 键 +D 退回桌面；Ctrl+Tab 同一个软件中不同文件的切换，Alt+Tab 不同软件间的切换。

2.1.3　基本绘图操作

1．鼠标的使用

（1）左键：指定位置；选择对象；单击按钮。

（2）右键：结束正在进行的命令；弹出快捷菜单。

（3）中键（滑轮）：滚动可以缩放窗口；按住不放可以平移窗口。

2．键盘的使用

（1）可以直接输入命令快捷键，切记要使用英文输入法。

（2）按 Esc 键可以取消正在进行的命令。

（3）按空格键、Enter 键可以确认完成命令。

（4）在无命令状态下按空格键或 Enter 键，可以重复上一个命令。

3．光标的状态

（1）无命令状态：十字 + 方块。

（2）要求指定点的状态：十字（无方块）。

（3）要求选择对象的状态：方块（无十字），如图 2.1.7 所示。

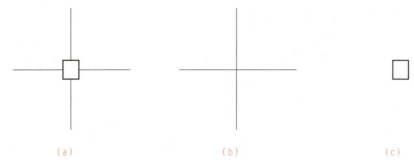

图 2.1.7 光标状态

（a）无命令状态（十字+方块）；（b）拾取点状态（十字）；（c）拾取对象状态（方块）

4．命令的调用

（1）通常有单击菜单栏、单击功能区/工具栏、输入快捷键（输入快捷键时，一定要是英文输入法状态或大写状态）3 种方式。

（2）所有的命令和操作，都会在命令行窗口中被记录。同时，命令行窗口中会对命令的流程进行详细的提示（人机对话）。

（3）确认命令：如果采用输入命令快捷键的方法，需要按空格键或 Enter 键确认进入命令。

（4）重复上一个命令：无命令状态下，直接按空格键，即可重复上一个命令。

（5）结束和取消命令：命令完成后通常会自动结束，如果默认重复的命令可以按空格键或回车键完成命令；结束命令一般是按 Esc 键。

5．选择对象

（1）选择的方式。

1）窗选：从左往右，蓝框，全部被框在内的图形被选中。

2）框选：从右往左，绿框，被框碰到的图形全部被选中。

【注】　1）和 2）的方式，都是在屏幕中，先单击鼠标左键一下，然后移动鼠标拖出框，然后再次单击鼠标左键（中间不需要按住左键不放），如图 2.1.8 所示。

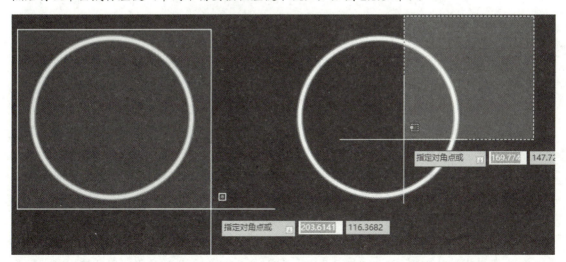

图 2.1.8　窗选（蓝框）与框选（绿框）

3）栏选：开始拉框后，输入 F 后按空格键（看命令行窗口提示），所有被拉线碰到的图形被选中。

4）圈围：一是屏幕中单击鼠标左键开始拉框后，输入 WP 后按空格键（看命令行窗口，有提示），画多边形，形成蓝框，全部被框在内的图形被选中；二是屏幕中单击鼠标左键后，按住鼠标左键不放，顺时针拉蓝框。

5）圈交：一是屏幕中单击鼠标左键开始拉框后，输入 CP 后按空格键（看命令行窗口，有提示），画多边形，形成绿框，被框碰到的图形全部被选中；二是屏幕中单击鼠标左键后，按住鼠标左键不放，逆时针拉绿框。

（2）选择的状态。

1）默认是累加选择（如果要从选择集中取消选择，可以按住 Shift 键单击要取消的图形）。

2）被选中的图形呈现蓝色状态，并且显示夹点（单击夹点可以进行拉伸或复制等操作），如图 2.1.9 所示。

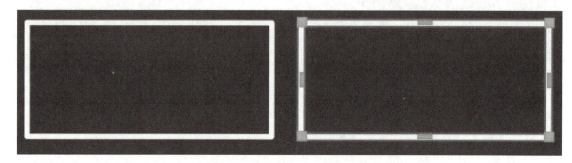

图 2.1.9　被选中的图形（右）呈现蓝色并显示夹点

（3）取消选择：按 Esc 键即可。

6. 删除对象

（1）选择要删除的图形后，按键盘上的 Delete 键即可；

（2）选择要删除的图形后，输入 E，按空格键即可。

7. 后退和前进

后退和前进就是撤销与重做命令。以下两个方法都可以：

（1）单击快速访问工具栏或工具栏的后退和前进按钮（向左和向右的箭头）；

（2）快捷键：Ctrl+Z 撤销；Ctrl+Y 重做。

8. 缩放视图与平移视图

（1）滚动鼠标滑轮（中键），对绘图空间进行缩放，光标在哪里，就会以哪里为中心进行缩放。

（2）双击鼠标滑轮（中键），将绘图空间当前所有图形全部显示于屏幕。等同于输入 Z 按空格键→输入 E 按空格键（范围缩放）的效果。

（3）按住鼠标滑轮（中键）不放，可以平移绘图区域。

9. 调整设置光标

（1）执行菜单栏"工具"→"选项"（或 OP）命令，"显示"选项里可以调整十字光标的大小;"选择"选项里可以调整选择框的大小,拾取框要调大一点(中间偏右一点)更方便。

(2)如果采用布局出图,可以将十字光标设置为100(无限大),这样可以方便区分当前是在布局空间还是模型空间。

2.1.4 坐标系统

1. 两个坐标格式

(1)笛卡尔坐标系(直角坐标)。通过 x 轴(东西)和 y 轴(南北)来描述平面中的点的位置。表述方法为"x,y"中间一定要使用英文输入法状态下的逗号。如原点为"0,0"。其中,x 轴从原点往右为正,y 轴从原点往上为正。如果是三维空间则还有一个 z 轴。

(2)极轴坐标系。通过距离和角度来描述任意一个点与极点(原点)的关系。表述方法为距离<角度。其中,角度以水平方向为0°,逆时针旋转为正,顺时针旋转为负,范围为0°~360°。两个坐标系如图 2.1.10 所示。

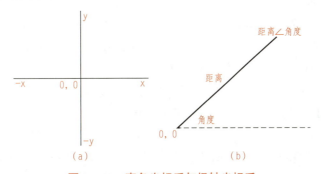

图 2.1.10 直角坐标系与极轴坐标系

(a)直角坐标系;(b)极坐标系

【注1】 绘制直线时,给一个方向,给一个距离,就是极轴坐标的具体运用。如果没有极轴坐标,每次都要输入"x,y",其实会更麻烦。

【注2】 此外还可以:输入 L 按空格键,输入距离以后,不要按空格键,而是按 Tab 键,然后输入角度,按 Enter 键,可以绘制指定角度的斜线。

【例】 分别使用两种坐标系来绘制 100×50 的矩形 [图 2.1.11(a)]。

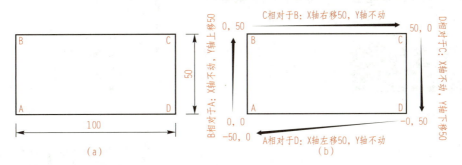

图 2.1.11 矩形

1）使用直角坐标：直线命令（L），以 A 点为原点（在屏幕中随意单击鼠标左键），输入 @0，50 得到 B 点，输入 @50，0 得到 C 点，输入 @0，-50 得到 D 点，输入 @-50，0 回到 A 点 [图 2.1.11（b）]；或者使用矩形命令（Res），以 A 点为原点（在屏幕中随意单击鼠标左键），输入 @50，50 直接得到 C 点（C 相对于 A：x 轴右移 50，y 轴上移 50），完成绘制。

2）使用极坐标：直线命令（L），以 A 点为原点（在屏幕中随意单击鼠标左键），开启正交，将鼠标移动到 A 点上方，输入 50（给一个方向、给一个距离），以同样方法绘制其他三条边。方向即角度，角度加距离即极坐标。

2．绝对坐标和相对坐标

（1）绝对坐标。无论是直角坐标系还是极坐标系，在系统绘图窗口中都有一个固定的原点，因而，每个点都有一个固定且唯一的坐标值（类似于地球上的经纬度，是固定且唯一的）。绝对坐标也称为"世界坐标系"。

执行菜单栏"视图"→"显示"→"UCS 图标"→"原点"命令，如果勾选，就会显示绝对坐标中原点的位置。

（2）相对坐标。一个点相对于另一个点来说，有一个相对的坐标值（也就是说，暂时以一个点为原点，去描述另一个点的相对位置）。表述方法为在坐标值前加上 @ 符号。

例如，在画直线或画矩形时，可以先用鼠标指定第一个点，然后要指定第二个点时，就输入"@x 轴移动距离，y 轴移动距离"，再按空格键，来得到第二个点。

当然，也可以将相对坐标设置为系统默认输入的坐标值。方法是对功能区的"动态输入"单击鼠标右键，再单击"动态输入设置"，单击"指针输入"的"设置"按钮，在弹出的"指针输入设置"对话框中选择"相对坐标"。在这里，也可以更改默认的坐标格式为极轴或笛卡尔，但是一般保持默认为"极轴格式"，如图 2.1.12 所示。

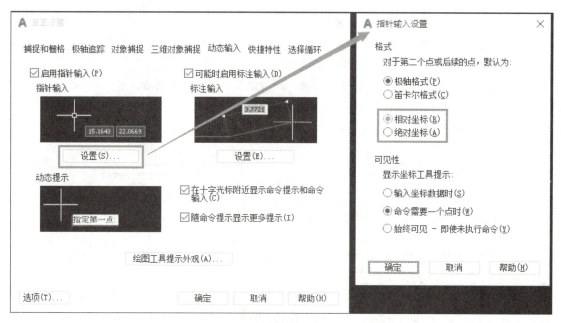

图 2.1.12　更改坐标输入的默认坐标系

3. 角度系统

系统默认，从任意一个原点出发，右侧的水平线为0°，逆时针为正角度，顺时针为负角度。例如，在"RO"旋转命令输入角度时，就要考虑是顺时针旋转还是逆时针旋转；再如，在使用"圆心、起点、端点"来绘制一段圆弧时，就要考虑先点哪个点作为起点，因为弧线是从起点到端点逆时针呈现的。

【例】 如图2.1.13所示，直线AB_1到直线AB_2，既是旋转30°（逆时针），也是旋转了-330°（顺时针）。

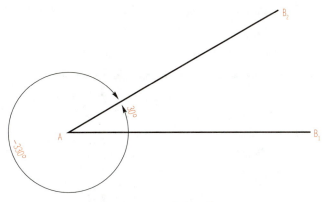

图 2.1.13 角度系统

2.1.5 对象特性

在特性工具栏中，包含颜色、线型和线宽三种特性。绘制任何线条和图形，都可以针对这三种特性进行修改，如图2.1.14所示。

图 2.1.14 特性工具栏

1. 三大特性

（1）颜色：在绘图时的颜色显示，主要有以下两个功能：

1）在绘图时，区分不同类型的对象。如轴线、墙体、门窗、家具等，分别使用不同的颜色，可以更好地进行区分。

2）通过颜色来控制打印样式。

（2）线型：线的类型。常用的有实线、虚线、点画线等。

1）复习前文的房屋建筑制图统一标准来进一步理解线型的用途。

2）大部分的线型需要加载，如虚线和点画线等；也可以从软件外部进行加载（打开线型管理器：输入LT）。

3）线型比例的设置，输入LT或LTS，统一设置比例因子为1，并取消关联；然后，按Ctrl+1键，弹出特性对话框，修改线型比例。

(3)线宽:线的宽度。

1)复习前文的《房屋建筑制图统一标准》(GB/T 50001—2017)来进一步理解线宽的用途。

2)设定线宽的三个方法:

①在特性中设置又分两个途径:使用图层管理器先设置好,然后在该图层绘图,并设置为Bylayer(随层);或者无论图层如何设置,直接绘制,绘制完成以后再去特性工具栏修改。

【注】 特性中修改的线宽,需要配合功能键"线宽"来显示。但是无论是否显示,都会按照设定的线宽打印。

②在绘图命令中设置线的宽度,如矩形、多段线等命令。这种方法不是真正的线宽,而是图形宽度,需要根据图形大小来相应设置。

③在打印样式中设置,根据颜色来决定出图线宽,如图 2.1.15 所示。

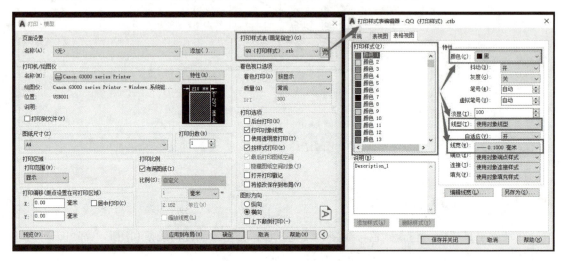

图 2.1.15　打印样式中通过颜色设置打印特性

【注】 绘图时设置线宽通常以方法③为主,部分使用方法②。

3)线宽管理器(LW)。在布局出图中,一般要打开线宽管理器,将线宽显示改为0。

2. 随层与随块

(1)Bylayer 随层:图形特性随所在的图层,则它在哪个图层上,就与哪个图层的特性设定一致;Byblock 随块:图形特性随所在的块。

(2)直接在特性工具栏设置特性:一旦专门设置好了某个特性(如设置了一个颜色、线型或线宽),则该图形无论去往哪个图层或块,都保持这些特性,不会随着图层或块的变化而变化。

视频:AutoCAD 中设置线宽的三种方法

思考与总结

1.AutoCAD 软件界面有哪些区域,分别有什么具体功能和设置方法?

2.AutoCAD 软件中的基本文件操作和绘图操作有哪些?

3.AutoCAD 软件中的特性有哪些,其中的三大特性是什么,如何设置?

4.AutoCAD 软件中有哪两种坐标系，原理是什么？具体的运用方法是什么？
5.AutoCAD 软件中的角度系统具体有什么规则？

课后练习

运用所学方法，临摹绘制 2.5 节中的基础练习。

评价反馈

1. 学生自我评价及小组评价
（1）是否明确 AutoCAD 软件的界面分区和功能？□是 □否
（2）是否掌握 AutoCAD 软件的基本文件操作和绘图操作？□是 □否
（3）是否掌握坐标系统和角度系统的原理与运用方法？□是 □否
（4）是否明确三大特性的具体内容及其设置方法？□是 □否
参评人员（签名）：_____
2. 教师评价
教师具体评价：
评价教师（签名）：_____　　　　　　　　年　　月　　日

知识面拓展

尝试使用 AutoCAD 软件绘制前面章节的教学案例。然后，在绘图的过程中对比手工制图和软件制图的区别。

2.2　辅助工具和尺寸标注

应知理论：熟悉 AutoCAD 软件辅助工具和尺寸标注的原理。
应会技能：掌握 AutoCAD 软件辅助工具和尺寸标注的基本操作。
应修素养：进一步明确尺寸的概念，树立求真务实、尊重实际的工作作风。
学习任务描述：
1. 打开 AutoCAD 软件对照教材进行理论学习和基本操作的训练；
2. 反复练习各项操作，达到熟练程度；
3. 完成课后思考题和配套练习。

2.2.1　辅助工具（功能键）

所有的辅助功能按钮都是透明命令（可以在其他命令进行过程中随时开关）。功能键所在具体位置请回看图 2.1.2。

1. 栅格与捕捉

在绘图窗口中，提供类似绘图纸的功能，帮助光标快速定位。通常关闭。

（1）调用。

1）菜单栏：工具→绘图设置→捕捉和栅格。

2）状态栏：单击相应按钮（右键可以进行设置）。

3）命令行：GRID（栅格），SNAP（捕捉）。

4）功能键：F7 栅格，F9 捕捉。

（2）设置：可以随意设置点间距。

【注1】 在装饰工程制图中，栅格和捕捉功能一般不打开。当感觉鼠标一顿一顿影响作图时，要检查是否误点了捕捉（F9）。

【注2】 提醒同学们，一定要重视尺寸的概念：

1）尺度为 100 左右的图形（如零件图、几何图）和尺度为 1 000 左右的图形（如家具图），以及更大尺度的图（如户型图），大小相差很大，这是对的，不要有画错的怀疑。

2）画一根线感觉没画成功的问题，可能是已经将空间尺度缩放到了随手一画就是几万几十万的状态，然后画一根几十的线，当然感觉不到这根线，这个时候滚动滑轮放大即可。画的过程中，也要关注动态输入所即时显示的数值。

3）注 1 提到的捕捉栅格点的鼠标卡顿问题，有的时候按了捕捉，但是鼠标并不卡，这是因为空间尺度已经比较大了，但是栅格的默认间距还是 10 mm。

2. 正交与极轴追踪

（1）调用：功能键 F8 正交，功能键 F10 极轴追踪。这两个功能不能同时开启，但可以同时关闭。一般根据实际情况来选择开启。

（2）知识点关联：回到极坐标部分，不开极轴追踪，也可以绘制带角度的线：输入 L 按空格键，输入距离以后，不要按空格键，而是按 Tab 键，然后输入角度，按 Enter 键，可以绘制指定角度的斜线。

（3）功能：正交用于捕捉绝对水平和垂直的方向，极轴追踪则用于各种其他角度的绘制。角度设置可分为附加角（所设置角度的所有倍数都被捕捉，如设置 30°，则 30°、60°、90°、120°、150°等角度都会被捕捉）和增量角（所设置角度被捕捉）（图 2.2.1）。

3. 对象捕捉

（1）调用：功能键 F3；命令行窗口输入 OSNAP。通常要开启。

（2）功能：在对象捕捉的功能键上单击鼠标右键，在弹出的列表中单击"捕捉设置"，弹出"草图设置"对话框，捕捉

图 2.2.1 极轴追踪的角度设置

模式一般全选，如图 2.2.2 所示。

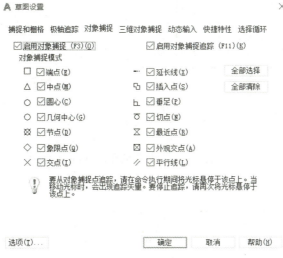

图 2.2.2　对象捕捉的设置

（3）对象捕捉的右键快捷菜单：Shift+鼠标右键（可以临时选择单个捕捉点，并且只持续一次），一般在命令进行中要选择点时使用。例如，在捕捉切点时一定要使用这个功能。

【注】　要注意区分"捕捉"（捕捉的是栅格点）和"对象捕捉"。

4. 对象追踪

（1）调用：功能键 F11。通常要开启。

（2）功能：可以沿指定方向，或指定角度，或与其他对象的指定关系（如对齐某个点或顺着某条线段的延长线）来绘图。

5. DYN（动态输入）

（1）调用：功能键 F12。通常要开启。

（2）功能：在光标处实时显示命令状态和数值。通过在状态栏按钮单击鼠标右键设置，可以开关"指针输入""标注输入""显示动态提示"。

视频："Shift+鼠标右键"调出"对象捕捉菜单"的方法

【注】　在教学中，经常有同学会问"为什么我输入命令后在光标处不能显示该命令，而只能在命令行窗口看到？"原因就是没有开启 DYN。

2.2.2　尺寸标注

1. 直线类标注

（1）线性标注（DLI）。线性标注只能进行横平竖直的标注，不能标注斜线（可以画一根横线、一根斜线，分别用线性标注观察效果），如图 2.2.3（a）所示。

（2）对齐标注（DAL）。对齐标注可以对直线和斜线进行标注，如图 2.2.3（b）所示。但是，调整夹点位置会发生倾斜。

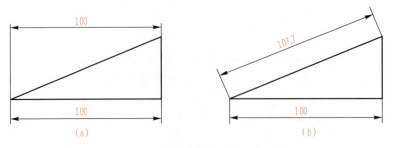

图 2.2.3　线性标注与对齐标注

（3）连续标注（DCO）。连续标注与线性或对齐标注配合使用。

【例】　按图 2.2.4 进行标注。

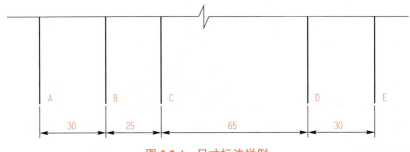

图 2.2.4　尺寸标注举例

方法：线性标注（DLI），单击 A 点和 B 点，拖出第一道尺寸标注；然后，连续标注（DCO），连续单击 C、D、E 三个端点，得到其余的尺寸标注。

（4）快速标注（QDIM）。对整齐排列的线段进行一步到位的快速标注。

【例】　同样是对图 2.2.4 进行标注。

方法：快速标注（QDIM），从右向左拉绿框，框住 A、B、C、D、E 五个端点，按空格键，拖动鼠标到合适位置，一次性得到所有尺寸标注。

2．半径、直径和角度标注

（1）半径标注（DRA）。标注线指向圆心，显示代号 R，如图 2.2.5（a）所示。

（2）直径标注（DDI）。显示代号 ϕ，如图 2.2.5（b）所示。

（3）角度标注（DAN）。

1）单击角的两点边并拖动出来；

2）直接单击一个弧线并拖动出来，如图 2.2.5（c）所示。

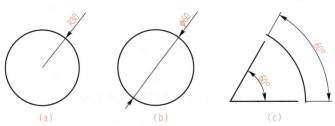

图 2.2.5　半径、直径和角度标注

3. 标注样式

系统自带一个标注样式"ISO-25",不符合相关建筑制图规范,也不能胜任不同大小的图纸的标注。因此,需要在建筑制图和装饰工程制图中作如下设置:

视频:AutoCAD 设置常用尺寸标注样式的方法

(1)在命令行窗口输入 D 按空格键,弹出"标注样式管理器",在默认样式的基础上,新建 1-1(表示 1∶1)样式。单击"新建"按钮,弹出"创建新标注样式"对话框,在"新样式名"文本框中输入"新建 1-1",单击"继续"按钮,在弹出的对话框中进行参数设置,如图 2.2.6 所示。

1)直线标签:起点偏移量 4,勾选固定长度的尺寸线,长度 5;
2)符号和箭头标签:第一、第二为建筑标记,引线为点;
3)文字标签:文字样式改为自建的"长仿宋体";颜色建议改为与尺寸标注不同的颜色;
4)调整标签:改为"文字始终保持在尺寸线之间""尺寸线上方带引线",全局比例为 1;
5)主单位标签:精度改为"0",单击"确定"按钮。

(2)以 1-1 为基础,继续新建 1-5、1-10、1-20、1-30、1-50、1-75、1-100、1-125、1-150 等常用比例(只需要调整全局比例即可)。

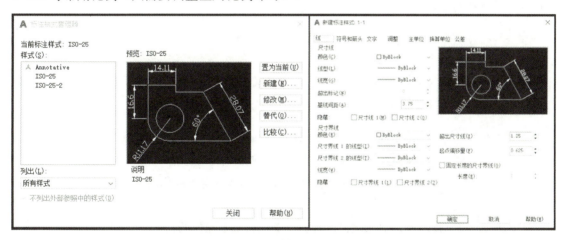

图 2.2.6　尺寸标注样式设置

思考与总结

1. AutoCAD 软件中辅助功能按钮的位置在哪里?如何设置按钮显示或不显示?
2. 辅助功能键有哪些?分别有什么作用和具体用法?
3. 什么是尺寸标注的四要素?(复习 1.1.5 节的内容)
4. 为什么要自己设置标注样式?具体的设置方法和要点是什么?
5. 有哪些标注的种类,具体用法是什么?

📖 课后练习

运用所学方法,临摹绘制本章节的所有案例,并继续临摹 2.5 节中的基础练习。

📖 评价反馈

1. 学生自我评价及小组评价

(1)是否明确 AutoCAD 软件的辅助功能键及其用法? □是 □否

(2)是否掌握 AutoCAD 软件标注的种类和具体用法? □是 □否

(3)是否掌握标注样式设置的方法和要点? □是 □否

参评人员(签名):_____

2. 教师评价

教师具体评价:

评价教师(签名):_____　　　　　　　　　　年　月　日

📖 知识面拓展

继续尝试使用 AutoCAD 软件绘制前面章节的教学案例。然后,在绘图的过程中对比手工制图和软件制图的区别。

2.3　基本命令与操作

应知理论:熟悉 AutoCAD 软件各个基本绘图和修改命令的原理与功能。

应会技能:掌握 AutoCAD 软件各个基本绘图和修改命令的操作方法。

应修素养:学会总结和对比,在制图中寻找和运用效率更高的作图方法。

学习任务描述:

1. 打开 AutoCAD 软件,对照教材进行理论学习和基本操作的训练。

2. 反复练习各项操作,达到熟练程度。

3. 完成课后思考题和配套练习。

接下来就开始学习具体的命令用法,学习之前再强调 AutoCAD 软件调用命令的三个途径,分别如下:

菜单栏——优点是几乎包含所有命令,功能最为完整;缺点是层层菜单中查找并调用命令比较耗时、速度慢。

工具栏——优点是将常用命令做成图标化按钮,比较直观,也提高了一定的效率;缺点是功能不够完整,用鼠标单击命令按钮效率也不算最高。

输入快捷键——优点是鼠标键盘配合使用,最为快捷。因此,大部分的命令操作都是通过快捷键来进行,部分功能配合菜单栏或工具栏来使用。

2.3.1 基本绘图命令

1. 直线：LINE（L）

（1）2007版本后，直线命令（L）默认为连续绘制，绘制过程中可以通过空格键、Enter键、鼠标右键单击确认的方法来确认完成绘制，也可以按Esc键来取消继续绘制。

（2）直线命令（L）绘制的线段都是相互独立的。

【注】 要注意与多段线（PL）命令的功能和绘图结果进行区分：多段线（PL）命令绘制的连续线段是一个整体。

（3）不考虑尺寸的情况下：双击鼠标左键，两点成一线；连续点可以连续绘制直线。考虑尺寸和角度的情况下，有以下三种方法：

1）单击第一个点后，通过输入相对坐标来确定第二个点（一般使用直角坐标：x轴；y轴）。

2）单击第一个点后，移动鼠标给一个方向，再直接输入距离（运用的是极轴坐标的概念：方向加距离）。

3）单击第一个点后，输入尺寸，按Tab键，再输入角度（以第一个点为原点），最后按Enter键（按空格键无效）。

2. 构造线：XLINE（XL）

（1）构造线（XL）用于绘制无限长的直线。普通直线是两点之间连一根线，构造线是从一个点出发，向两边无限延伸。

（2）根据命令行提示，可以绘制水平、垂直、角度、二等分和偏移的构造线。

【注】 通过删除构造线，再一次复习选择时拉蓝框和拉绿框的区别。

3. 多段线：PLINE（PL）

（1）连续绘制的所有线段默认为一个整体（体会与直线命令的区别），即为多段线。可以用于绘制作为整体的开放线段，也可以绘制闭合的图形。

（2）多段线绘制的闭合图形，可以用清单命令（LI）计算面积和周长（普通直线工具画的看似封闭的图形就无法直接用清单命令计算）。

视频：AutoCAD 多段线显示空心的解决办法

（3）在绘制的过程中，可以直线和曲线转换。

（4）还可以通过控制起点和端点的线宽，来绘制各种图案。

【例】 绘制国标指北针（对照图1.1.18）：圆命令，输入"C"按空格键，在绘图区随意单击鼠标左键确定圆心，输入12按空格键，绘制直径为24（即半径为12）的圆；多段线命令，输入"PL"按空格键，单击圆的下端象限点（需要开启对象捕捉）作为起点；写块命令，输入"W"按空格键，输入3（指定起点宽度）按空格键，再输入0（指定端点宽度）按空格键，然后单击圆的上端象限点，再按空格键退出多线段命令（PL）；在指北针上方加注"N"字母，完成指北针的绘制。

【注】 多段线功能非常强大，在装饰工程制图中的很多场合都要用到多段线；同时，命令进行中可以选择的功能又非常多。请务必反复练习，熟悉基本操作。

4. 多段线修改命令（PE）

（1）多线段修改一般用于将一些独立分散的线段合并为多段线，并可以编辑线宽。

（2）也可以对多段线进行编辑，如闭合、线宽等。

【例】 将使用直线命令（L）绘制的几条连续但是相互独立的线段，转换成多段线：运用直线命令（L），随手绘制几条连续的直线，此时这些直线是相互独立的；输入"PE"（多段线修改命令），按空格键，再输入"M"［移动命令（多条）］按空格键，点选或框选这几条直线，按空格键，选择"是"，再选择"合并"，"输入模糊距离"［或合并类型（J）］按空格键（如果这几条线是连续绘制的，此时就可以不输入而直接按空格键），此时又回到功能菜单，再按空格键，完成命令。此时，这几条直线已经合并成整体。

【例】 修改已经绘制好的多段线的线宽：多段线命令（PL），随手绘制一段连续的多段线；多段线修改命令（PE），点选此多段线按空格键，此时会直接弹出功能菜单，选择宽度，输入所需要的线宽按空格键，再按空格键，完成命令。

5. 多线 MLINE（ML）

（1）多线是指同时绘制两根及以上的直线。在装饰工程制图中一般用于绘制墙体（两根线）和窗户（四根线），非常实用方便。

（2）进入命令后要先设置对齐和比例：

1）对齐（J）：上（T）——以多线的上方线条来对齐基线；无（Z）——以多线的中心线来对齐基线（绘制墙体和门窗一般用此对齐方式）；下（B）——以多线的下方线条来对齐基线。

2）比例：输入的数值乘以多线的基本宽度（默认为1，在新建多线时可以自己设定），即绘制多线的总间距。

【例】 新建窗户的多线样式：执行菜单栏"格式"→"多线样式"命令；单击"新建"按钮，命名为"窗户"，单击"继续"按钮；在弹出的对话框中，勾选直线的起点、端点，在"图元"选项组单击"添加"按钮两次，分别修改"偏移"值为 0.167 和 -0.167，单击"确定"按钮即完成窗户的多线设置（四根线），如图 2.3.1 所示；要使用时：选择菜单栏"格式"→"多线样式"命令，选中自己新建的"窗户"样式，单击"置为当前"按钮即可；如果要切换回墙体，用通用的方法将原来默认的多线样式置为当前即可。

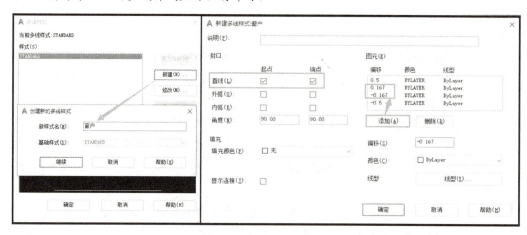

图 2.3.1 设置窗户多线样式

【例】 临摹绘制墙体和窗户（图 2.3.2）：在"轴线"图层，绘制一根 2 000 mm 长的轴线，线型为长点画线，修改线型比例可以修改以显示出线型；在"墙体"图层，ML（多线命令）→J（选择"对正"选项）→Z（设置对正类型为"无"）→S（指定比例）→输入"200"（设置墙厚为 200），单击轴线的两端端点，绘制出墙体；直线命令（L），输入"L"按空格键在墙体中间绘制一根辅助线，单击"修改"面板中的"偏移"按钮，输入"指定偏移距离"为 400，按空格键，选择辅助线，将十字光标移至辅助线左侧，单击鼠标左键，再选择辅助线，将十字光标移至辅助线右侧，单击鼠标左键，得到窗洞的位置，然后删除中间这根辅助线；修剪命令（TR），输入"TR"按空格键，单击窗洞内的墙体多线进行修剪；执行菜单栏"格式"→"多线样式"命令，将"窗户"样式置为当前，多线命令（ML），单击窗洞位置内的轴线两端，得到窗户。

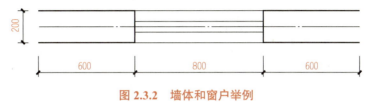

图 2.3.2　墙体和窗户举例

6. 多线修改命令 MLEDIT（或直接双击多线即可）

（1）比较常用的是"角点结合""T 形打开"和"十字打开"等。

（2）在使用"T 形打开"时，要注意单击的顺序：先单击"T"形的竖线，再单击"T"形的横线。

（3）遇到使用多线修改命令实在达不到要求的多线结合处，就果断分解再修剪。

7. 圆 CIRCLE（C）

（1）通过快捷键进入命令后，默认是圆心、半径的方法绘制圆，也可以选择其他方法。

（2）菜单栏"绘图"→"圆"中提供了全部 6 种画圆的方法［图 2.3.3（a）］，一定要全部熟悉。其中相切、相切、半径，相切、相切、相切等使用频率都很高。

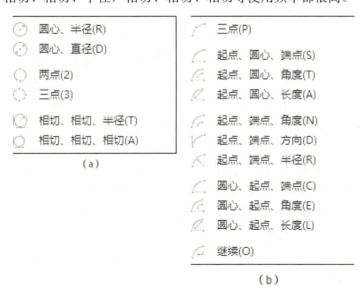

图 2.3.3　菜单栏中的圆和圆弧菜单

8. 圆弧 ARC（A）

（1）圆弧命令（A）默认是三点画圆弧（从工具栏的圆弧图标可以看出），另外，菜单栏中共提供了全部的 11 种画圆弧的方法［图 2.3.3（b）］。

（2）指定起点和端点时，要按逆时针的规则，指定完后要移动鼠标光标，当出现了弧线时，再输入其他数值（如半径、角度等）。

【例】 临摹绘制墙体和 900 宽的门（图 2.3.4）：用学过的方法绘制好轴线和墙体，并开好 900 宽的门洞；绘制门页：矩形命令绘制 50×900 的矩形，并确认放在正确的位置；绘制弧线：执行菜单栏"绘图"→"圆弧"→"圆心、起点、端点"命令，先单击 A 点做圆心，再分别单击 B 点和 C 点作为起点和端点（逆时针），完成弧线绘制。

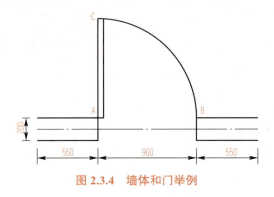

图 2.3.4 墙体和门举例

（3）在 AutoCAD 2007 中，选中一个弧线，会显示普通夹点和延伸夹点（三角形），单击可以顺着圆弧半径进行延伸；在高版本中，单击普通夹点后，按 Ctrl 键，可以切换拉伸和延伸的操作。

9. 圆环 DONUT（DO）

进入命令后先输入内径，按空格键，再输入外径按空格键，此时光标处出现了圆环形状，在屏幕中单击放置即可。可以连续放置。按 Esc 键退出。

10. 矩形 RECTANG（REC）

（1）除普通矩形外，还可以设置倒角（直角和圆角）、厚度和线宽。

（2）按尺寸绘制矩形的两个方法：

1）在命令行窗口输入"REC"按空格键，命令行提示"指定第一个点"，在绘图区指定一点，命令行提示"指定另一个角点"，输入"@x,y"（第二个点相对第一个点的相对坐标值，要英文输入法，中间是逗号）；

2）在命令行窗口输入"REC"按空格键，命令行提示"指定第一个点"，在绘图区指定一点再输入"D"按空格键（此时屏幕中的矩形消失），依次输入长度（X轴），按空格键，输入宽度（Y轴），按空格键，再晃动鼠标，选择一个方向上的矩形（此时，从第一个点出发，可以从四个方向得到这个尺寸的矩形），单击鼠标左键即可完成命令。

【注】 矩形命令是使用频率最高的命令，但是初学时又会感觉操作过程比较复杂，因此一定要反复练习，务必熟练。

11. 正多边形 POLYGON（POL）

（1）使用圆心的方法，要注意内接或外切于圆的选择。

（2）也可以使用边的方法来绘制正多边形。

12. 椭圆 ELLIPSE（EL）

椭圆命令用于绘制椭圆和椭圆弧。

13. 样条曲线 SPLINE（SPL）

用于绘制样条曲线。

14. 点 POINT（PO）

可以提前设置好点样式（执行菜单栏"格式"→"点样式"命令），否则会看不见。

15. 文字 TEXT（T）

（1）单行文字工具是 TEXT，输入"T"会进入多行文字命令。

（2）如果要初步指定文字的高度，可以输入"T"按空格键，单击鼠标左键，再输入"H"按空格键，拉出一条竖线单击鼠标左键（就是指定字高），然后再拉一个框单击鼠标左键。

【注】 如果输入"T"后，文字框全屏幕，就可以用输入"H"的方法来重新设定文字框。

（3）多行文字的文字框可以拉长，否则文字字数超过文字框后会自动换行。

（4）文字框上方有格式工具栏，可以设置文字格式，也可以在符号中选择平方和立方符号，如图 2.3.5 所示。

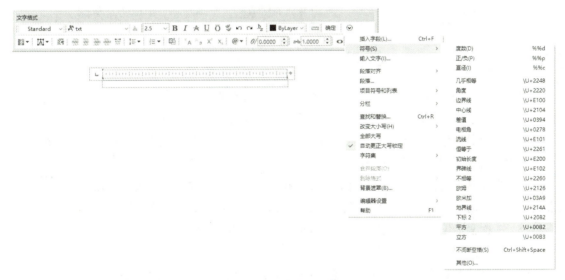

图 2.3.5　格式工具栏

2.3.2　基本修改命令

【注】 首先，要强调修改命令的调用流程：修改命令是针对对象的，总要有一个对象去修改，所以，在命令的使用过程中要选择好对象。那么，什么时候选择对象呢？默认情况下，可以先调用命令，在命令过程中根据提示选择对象；也可以先选择好对象，再调用命令。

如果出现不能先选择对象再进入命令的情况，则需要设置：输入"OP"按空格键，弹出"选项"对话框，在"选择集"中一定要确保勾选"先选择后执行"，如图 2.3.6 所示。

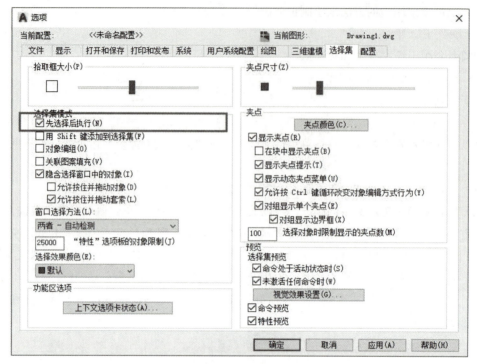

图 2.3.6　先选择后执行

1．夹点编辑

（1）被选中的图形对象会呈现蓝色高亮状态，并显示夹点。一个块通常显示一个夹点。

（2）在"选项"对话框的"选择集"中，可以对夹点进行一系列设置。

（3）夹点是蓝色，鼠标在上方悬停时变为绿色，单击选中此夹点变为红色。也可以在选线面板（OP）中修改颜色，但是一般不会去改。

（4）选中夹点后，可以进行拉伸、移动等操作。如直线，单击端点夹点可以拉伸，单击中点夹点可以移动。另外，选中夹点后，还可以根据提示进行复制等操作。

（5）一次只能编辑一个夹点。如果要同时移动多个夹点，就要使用拉伸（S）命令。

2．删除 EARSE（E）

（1）使用方法：可以先选择好对象，再输入"E"按空格键；也可以先输入"E"，按空格键再选择对象，再按空格键。效果等同于选择对象后按 Delete 键。

（2）选择物体的时候，复习一下蓝框、绿框和按住 Shift 键减选的用法。

3．移动 MOVE（M）

（1）在使用"移动"命令时，要注意基点选择，使用"复制""旋转""镜像""缩放"等命令时也要注意基点选择。有时候可以随意指定一个基点，有时候则必须要选择正确的点，才能达到需要的效果，实现精准放置。

（2）除基点外，也可以给出方向、输入移动的距离来进行准确移动。

4. 复制 COPY（CO）

（1）默认为重复复制。可以一直单击鼠标左键，一直复制。注意正交和极轴的运用。按 Esc 键退出命令。

（2）给定一个方向，输入距离，可以持续输入，距离都要以原对象来计算（以会签栏为例）。需要注意的是，如果输入 0，或者反复输入同一个距离，则会在原地复制，重叠在一起（以共同引出符号为例）。

（3）注意基点的使用。

【例】 临摹绘制会签栏［图 2.3.7（a）］：用学过的方法绘制 100 mm×20 mm 的矩形，单击"修改"面板中的"分解"按钮进行分解，形成四根独立的线；选择最下方的横线，复制命令（CO），指定基点单击要复制的横线上任一点，将鼠标往上移动（要超过预计复制的距离），依次输入 5 按空格键，10 按空格键，15 按空格键，完成所有横线的复制；选择最左边的竖线，执行复制命令（CO），指定基点，单击要定制的竖线上任一点，将鼠标往右移动（要超过预计要复制的距离），依次输入 25 按空格键，50 按空格键，75 按空格键，完成所有竖线的复制。

【例】 临摹绘制共同引出［图 2.3.7（b）］：引线命令（LE），先开启正交，输入"LE"按空格键，绘制一条引出线；选择画好的引出线，执行复制（CO）命令，指定基点将鼠标随便移动一个方向，输入 0 按空格键，0 按空格键，这样就是在原地复制了两个引出线，形成了 3 个引出线重叠在一起的情况；点选引出线（不能框选），单击箭头的夹点，往左移动，单击鼠标左键，再单击原位置的引出线，然后单击箭头的夹点，往右移动，单击鼠标左键，完成共同引出。

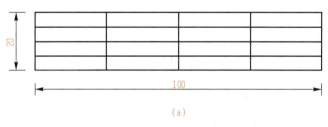

（a） （b）

图 2.3.7 会签栏与共同引出

5. 旋转 ROTATE（RO）

（1）旋转角度：逆时针为正，顺时针为负。

（2）在旋转的过程中可以选择复制和参照的功能。

6. 镜像 MIRROR（MI）

（1）使用镜像功能时，要根据需要开启或关闭"正交"功能。如果关闭正交功能，类似于旋转，但是图形也是相反的。

（2）镜像要基于镜像线。因此，与其他命令选择一个基点不同，镜像要单击两次，两点成一条镜像线，以此为基础进行镜像。

（3）镜像也具有复制功能（会提示选择是否删除原对象），但是要通过对比理解与复制的区别。

7. 偏移 OFFSET（O）

（1）可以指定偏移距离再指定偏移方向，也可以指定偏移通过某一点。

（2）根据情况的不同，偏移会出现复制、放大或缩小的效果。其中，针对直线在横竖方向上的偏移，与复制是一样的，但是针对斜线在垂直斜线方向上的复制，用偏移更加方便（图 2.3.8）；另外，复制可以复制整个图形，但是偏移只针对线。

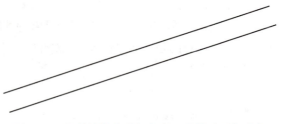

图 2.3.8　沿斜线角度进行复制，用偏移更加方便

8. 缩放 SCALE（SC）

（1）基点很重要，选择不同位置的基点，缩放的方向会不同。

（2）比例因子大于 1 为放大，小于 1 为缩小。

（3）还可以通过参照的方法进行缩放。

【例】　临摹绘制几何图［图 2.3.9（c）］：执行直线命令（L），绘制 60 mm 的直线，分别以直线的两个端点为圆心绘制半径为 40 mm 和 50 mm 的圆，圆的交点为三角形的顶点，连接直线，得到三角形；输入"POL"（正多边形命令）→5（正五边形）→E（进入边的绘制方法），按空格键，单击三角形两条腰线的中点，得到一个向上的正五边形［图 2.3.9（a）］；将正五边形进行镜像，并连接 A 点和 C 点得到辅助线与三角形交于 B 点［图 2.3.9（b）］；输入"SC"，按空格键（进入缩放命令），选择正五边形，按空格键，单击 A 点为基点，输入"R"按空格键（进入参照功能），然后单击三个点：首先单击 A 点作为基点，其次单击 C 点（与 A 点配合得到现有的尺寸），最后单击 B 点（将现有尺寸缩放到 B 点），完成绘制。

【注】　缩放命令只能进行等比例缩放。如果要进行非等比例缩放，可以把图形做成块，在特性（Ctrl+1）中修改，或插入块时修改。

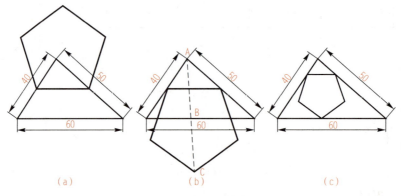

图 2.3.9　参照缩放举例

9. 修剪 TRIM（TR）

（1）低版本中，在命令行窗口输入"TR"按两次空格键，绘图区所有的线都互为边界；或者在命令行窗口输入"TR"按空格键，根据命令行提示选择边界，再按空格键，选择好边界再修剪。

(2) 高版本中，在命令行窗口输入"TR"按一次空格键，默认将绘图区所有的线都互为边界，也可以再输入"T"按空格键选择修剪边界后进行修剪。

(3) 低版本中不能修剪独立线段，线段只剩一段，(中间再没有端点)时，是无法修剪的，只能用删除命令，所以要注意修剪的顺序；但是，高版本 CAD 中可以修剪独立线段了。

【注】 在修剪或延伸的命令进行中，均可以使用 Shift 键来实现两个命令的切换。

10．延伸 EXTEND（EX）

(1) 低版本中，延伸命令（EX）→选择要延伸到的边界，或输入 EX 两次（则所有的线都互为边界）→选择要延伸的对象；

(2) 高版本中，延伸命令（EX）（所有的线都互为边界）→选择要延伸的对象。

(3) 延伸命令（EX）在用法规则上与修剪命令完全相同，但是一个是修剪，一个是延伸。

11．拉伸 STRETCH（S）

(1) 夹点一次只能编辑一个。如果要同时移动多个夹点，就要使用拉伸命令，是装饰工程制图中非常常用的功能。

(2) 拉伸命令如果直接选择对象，是移动的效果；如果用从右向左（绿框）框选多个点，才是拉伸的效果。

【例】 使用拉伸命令将过长的轴线一次性缩短（图 2.3.10）：首先要明白，要把图中右侧过程的轴线和尺寸标注往左缩短，其实就是其上的很多夹点同时移动过来，因此，可以一个一个地移动夹点，但是这样很慢，所以用到拉伸命令，可以同时移动多个夹点。操作方法：输入拉伸命令（S）按空格键，从右向左拉绿框，框住要同时移动的所有夹点（包含轴线的端点，和所有右侧的尺寸标注），按空格键（表示选择完毕），随便指定一个基点，向左移动到合适位置即可。

视频：AutoCAD 中 Shift 键的七大使用技巧

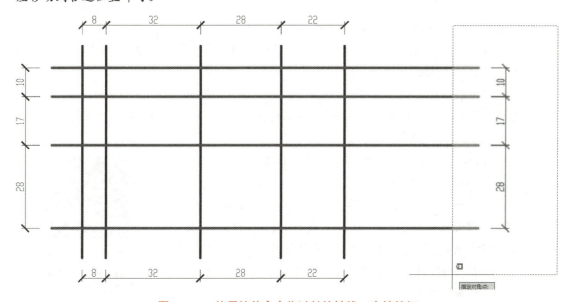

图 2.3.10 使用拉伸命令将过长的轴线一次性缩短

12. 倒圆角 FILLET（F）

（1）通过控制倒角半径，来实现不同大小的圆角。

（2）如果将倒角半径设置为0，则可以倒直角（广泛运用在两条线快速成角）。

【例】　将两根线［图2.3.11（a）］做成直角［图2.3.11（b）］：在命令行输入"F"按空格键，根据命令行提示输入"R"按空格键，将倒角半径设置为0按空格键，分别单击两根线靠近成角的位置，完成成角。

图 2.3.11　F 命令快速成角

13. 倒直角 CHAMFER（CHA）

（1）用于倒直线角，可以设置两个不同的边长来控制一个倒角。

（2）不相连的两个线段也可以使用倒直角（CHA），用法与倒圆角（F）相同（两个距离为0即可）。之所以不如倒圆角（F）常用，是因为倒直角（CHA）有三个字母，倒圆角（F）一个字母，更方便。

14. 打断 BREAK（BR）和打断于点

（1）在命令行输入"BR"按空格键会进入打断命令，进入命令后直接在线上双击，就会使这两点之间的线消失。

（2）"打断于点"要在"修改"面板单击"打断于点"按钮才能进入命令，进入命令后在线上单击一下，线分成两段，中间没有缺口。

15. 合并 JOIN（J）

（1）把两段线合并为一段。两段线要在一个水平上。

（2）在命令行窗口输入"J"按空格键，分别单击两段线，按空格键；也可以先选择好两段线，输入"J"按空格键。

16. 分解 EXPLODE（X）

分解俗称炸开。将原本是整体的图形或块进行分解。如果块中有块，需要逐级分解。

17. 阵列 ARRAY（AR）

【注】　高版本（2012以上）AutoCAD中默认不弹出阵列面板，而是以命令行的形式进行。如果不习惯，则可以执行菜单栏"工具"→"自定义"→"编辑程序参数"命令，在弹出的记事本窗口中，找到"AR"，将其后面的字段"ARRAY"改为"ARRAYCLASSIC"即可。这样输入AR，按空格键，可以调出传统的阵列面板，但是从菜单栏"修改"→"阵列"还是会进入命令行模式（这样可以使用高版本才有的路径阵列）。

视频：高版本 AutoCAD 调出阵列面板的方法

（1）矩形阵列。

1）横向为行，竖向为列；

2）行和列的数目，最小值为 1（至少有一列、一行）；

3）行和列的位移，最小值为 0（不发生位移）。

【例】　绘制图 2.3.12（a）所示的图形：绘制 20 mm×40 mm 的矩形；选择阵列对象，在"修改"面板中单击"矩形阵列"按钮，在"阵列创建"上下文选项卡中设置行数为 2，行偏移为 50，列数为 5，列偏移为 50，按空格键完成命令。

（2）环形阵列（高版本称为极轴阵列）。要注意中心点的选择、环绕角度的控制和阵列的数量。

【例】　绘制图 2.3.12（b）所示的图形：选择阵列圆心为大圆圆心，设置角度为 360 度，数量为 10。

图 2.3.12　矩形阵列与极轴阵列举例

（3）路径阵列（高版本才有）。先画好一个路径，以这个路径来整列对象。

18．等分线段

可以针对一根线段，或一个圆、矩形等。

（1）定数等分 DIVIDE（DIV）。将对象作几等分。等分的结果是在对象上增加了定位点，而对象本身仍是完整的。要先设置好点样式，否则会看不见点。

（2）定距等分 MEASURE（ME）。按指定的距离进行等分，最后剩下一段是多少就多少。

思考与总结

1. AutoCAD 软件制图最基本的逻辑顺序是什么？（思考绘图命令组与修改命令组的关系）
2. 基本绘图命令有哪些？具体的功能和用法是什么？
3. 基本修改命令有哪些？具体的功能和用法是什么？
4. 为什么要自己设置标注样式？具体的设置方法和要点是什么？

5. 有哪些标注的种类，具体用法是什么？

📖 课后练习

运用所学方法，临摹绘制本章节的所有案例，并继续临摹 2.5 节中的基础练习。

📖 评价反馈

1. 学生自我评价及小组评价

（1）是否明确 AutoCAD 软件制图中绘图与修改的逻辑关系？ □是 □否

（2）是否掌握 AutoCAD 软件中基本绘图命令的功能和操作？ □是 □否

（3）是否掌握 AutoCAD 软件中基本修改命令的功能和操作？ □是 □否

参评人员（签名）：_____

2. 教师评价

教师具体评价：

评价教师（签名）：_____　　　　　　　　　　　年　　月　　日

📖 知识面拓展

对 AutoCAD 中的基本绘图命令和基本修改命令的快捷键英文全称进行整理汇总，用学英语单词的方法标注音标和中文释义，尝试进行背诵。

2.4 进阶命令与操作

应知理论：熟悉 AutoCAD 软件其他常用功能和布局出图的基本原理。
应会技能：掌握 AutoCAD 软件其他常用功能和布局出图的基本操作。
应修素养：积极学习进阶操作，培养勤奋认真、精益求精的工作作风。
学习任务描述：

1. 打开 AutoCAD 软件对照教材进行理论学习和基本操作的训练；

2. 反复练习各项操作，达到熟练程度；

3. 完成课后思考题和配套练习。

■ 2.4.1 其他常用功能

1. 视图缩放

【注】　视图缩放要与 SC 图形缩放区分。

执行"工具"→"工具栏"→"AutoCAD"→"修改"命令，在"修改"工具栏中单击"缩放"按钮，在绘图区单击鼠标左键，滚动鼠标滚轮即可进行视图缩放。也可以输入"Z"按空格键，然后输入不同的字母，选择不同的缩放模式。常用的主要有以下三种：

（1）全部缩放。在命令行窗口输入"Z"按空格键，根据命令行提示输入"A"按空格键，把整个图形界限缩放到屏幕中。

（2）范围缩放。在命令行窗口输入"Z"按空格键，根据命令行提示输入"E"按空格键，把现有的所有图形缩放到屏幕中。也可以双击滚轮。

（3）窗口缩放。在命令行窗口输入"Z"按空格键，根据命令行提示输入"W"按空格键，在屏幕中用鼠标画出一个区域，把这个区域缩放在屏幕中。

2. 图层

（1）基础概念：一个图层就像是一张完全透明的纸。不同图层叠加在一起，形成一个完整图案，但是每个部分分别在不同的图层上，从而方便调整和修改。

（2）图层特性管理器（图 2.4.1）。

1）在"图层"工具栏单击"图层特性管理器"按钮，或在命令行输入"LAYER（LA）"。

2）在"图层特性管理器"对话框中可以新建图层（ALT+N，或单击"新建"按钮）、删除图层（ALT+D，或单击"删除"按钮）、置为当前（ALT+C，或单击"置为当前"按钮）、重命名图层（F2，右键，或慢速双击图层名）；

3）也可以设置每个图层的样式，包括颜色、线型、线宽、透明度等。

4）其中，默认的图层为 0 图层。不可删除和重命名。最好不在 0 图层上绘图。

5）一旦绘制了标注，就会出现 Defpoints 图层，是不可打印图层，最好也不要在这个图层上绘图。

图 2.4.1　图层特性管理器

（3）图层过滤。在"图层特性管理器"对话框中，左侧是过滤器。可以新建过滤器，例如，建立一个对以 00 开头为名称的图层过滤，右击"全部"按钮，在列表中再单击"新建特性过滤器"按钮，弹出"图层过滤器特性"对话框，过滤器名称可随意命名，然后在"过滤器定义"选项组的"名称"一栏输入"00*"即可，如图 2.4.2 所示。

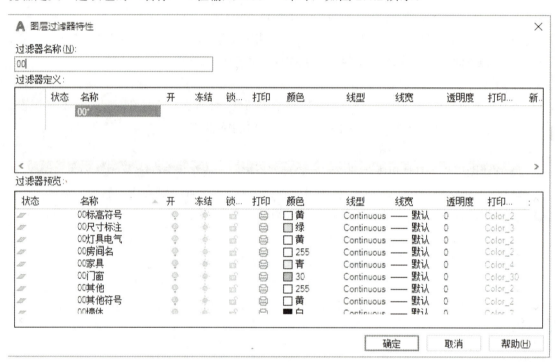

图 2.4.2　图层特性过滤器

（4）图层的控制。包括开关、冻结（所有视图和当前视图）、锁定和在当前视口冻结（在布局出图中的视口中使用，详见 2.4.3 节）。

（5）图形在不同图层的转换。选择要换图层的图形→在图层工具栏中选择要换过去的目标图层，就完成图形在不同图层的转换。

（6）将对象图层置为当前，有以下两个方法：

1）单击"图层"工具栏的下拉按钮，出现图层的下拉菜单，左键单击要置为当前的图层即可。

2）先选择目标图层上的某个图形，然后单击"将对象图层置为当前"按钮，如图 2.4.3 所示。

图 2.4.3　将对象图层置为当前按钮

3. 块

不同于多段线、矩形或多边形的整体的概念，块的意义，是把分散的图形（可以是连着的或不连着的）打包成一个整体。

（1）创建块 BLOCK（B）。创建块的步骤为：命名→设置基点→选择对象。

通过 B 创建的块，只能在当前文件中使用。

（2）储存块 WBLOCK（W）。把块保存为一个独立的文件，在所有的文件中都可以随时调用。

（3）插入块 INSERT（I）。可以设置比例（可以非等比例缩放）和旋转。

（4）也可以使用快捷键 Ctrl+C 复制或 Shift+Ctrl+C 带基点复制、Shift+Ctrl+V 粘贴为块，这样更快捷。粘贴为块的时候，要注意图层，块里的每个元素可以在不同图层，又可以粘贴到不同的图层形成块（图 2.4.4）。

（5）双击一个块，弹出"编辑块定义"对话框，单击"确定"按钮可以进入块编辑器，修改造型、线条特性、图层（图层要重点关注）等，修改保存后，复制的块都会相应修改（复制的块，修改其中一个，其他都会相应修改）。

（6）也可以选中一个块，按组合键 Ctrl+1，系统弹出"特性"对话框，做等比例或不等比例的缩放。

（7）默认情况下，一个块只显示一个夹点，但是可以在 OP 选项中修改为显示所有夹点。

（8）创建为块与分解（X）可以理解为功能相反的命令。

4. 外部参照 XATTACH（XA）

在一个文件中，插入另一个文件的图形，形成外部参照。

【注】 外部参照和块的区别：

（1）外部参照的文件图形发生修改后，被参照的所有文件图形都会相应调整；

（2）块被插入后，会成为图形的一部分。但是，外部参照只是形成一个链接，并不增加图形本身的数据量；

（3）外部参照的合理使用，是开展协同作图的基本要求。

5. 图案填充 HATCH（H）

【注】 只能对封闭的图形和区域进行填充。如果不封闭，或查找不到哪里不封闭，可以用多段线命令（PL）进行围合并闭合后，再进行填充。

（1）输入"H"后按空格键，进入"图案填充"界面（如果是高版本 AutoCAD 默认的功能区界面，会切换到"图案填充"面板；如果是低版本 AutoCAD 或经过设定改为经典界面的高版本 AutoCAD，则是弹出"图案填充"对话框），选择图案，设置比例和角度→选择对象范围→（添加

图 2.4.4 右键菜单中的粘贴为块

拾取点或直接选择对象，然后还可以在图案里添加删除边界）→预览→单击"确定"按钮。

（2）填充出来的图案默认为块。低版本可以双击该块直接弹出图案填充管理器进行修改；高版本中将图案选中，单击鼠标右键弹出菜单，选择"图案填充编辑"命令，再进行修改。

（3）可以通过"设置原点"来设置填充图案的起始点。例如，可以用于设置瓷砖铺贴的起始点。

（4）可以设置填充图案是否关联，是否独立。

（5）正方形网格状填充（如地砖、铝扣板吊顶），使用"用户定义"，勾选"双向"，设置"间距"（即瓷砖或铝扣板的单块尺寸）。

（6）自己复制的填充图案，放在软件安装目录的"support"文件夹里即可。

（7）如果要自己建立一个填充图案（自己画，并把画好的图做成填充图案），需要加载插件来完成。

【注】 地面填充图案的技巧：第一，地面要填充的区域，在确保封闭之外，还要注意恰到好处地缩放在屏幕上，不要缩放到太小（这样多余的区域太多，计算压力大），也不要放得太大导致显示不完整（有可能会报错）；第二，填充区域中家具较多，计算时间会久一点，也可能最终计算后还是会填充到家具内，这时可以通过"添加选择对象"和"删除边界"来尝试调整；第三，如果计算不出区域或者总是报错，即使用 PL 线闭合后还是报错，那么就选中 PL 线和内部的家具，然后移动到空白的区域中，再填充，如图 2.4.5 所示。

视频：在 AutoCAD 中加载使用下载的图案填充的方法

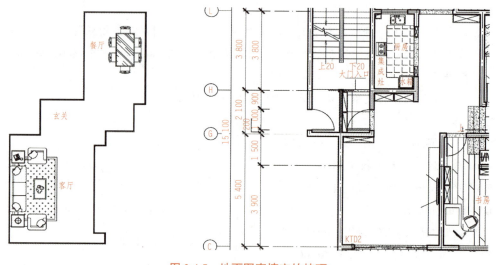

图 2.4.5 地面图案填充的技巧

6．边界和面域

（1）创建边界 BOUNDARY（BO）。可以通过添加拾取点的方法，快速创建一个封闭边界或面域。

（2）创建面域 REGION（REG）。

1）如果是一个面域，使用 BO 命令更快。但要同时创建多个面域，则应该使用 REG 命令。

2）执行菜单栏"修改"→"实体编辑"命令，可以对面域进行布尔运算，包括并集、差集和交集。

7．查询对象信息

（1）查询距离 DIST（DI）。

（2）查询面积 AREA。

（3）清单命令 LIST（LI）：可以查询完整封闭图形（如矩形、封闭的多段线和面域）的周长和面积。

2.4.2 打印

1．调出打印面板的方法

（1）单击快捷访问工具栏中的打印按钮；

（2）在菜单栏执行"文件"→"打印"命令；

（3）按组合键 Ctrl+P。

2．打印面板

以下全部设置如图 2.4.6 所示。

（1）页面设置。

1）可以把设定好的一套打印设置保存下来，供以后直接调用。方法是：先设置好整个面板需要修改的参数，然后单击"添加"按钮，输入一个页面设置的名称，单击"确定"按钮即可。以后就可以直接调用了。

2）可以选择"上一次打印"，直接调用上一次打印的相关设置。

（2）打印机/绘图仪。名称：选择打印机。如果需要打印成纸质图纸，就选择安装好的实体打印机；如果需要打印成电子图片，可以选择"DWG To PDF"（即可打印成 PDF 文件）或"PublishToWeb JPG"（即可打印成 JPG 文件）。

（3）图纸尺寸：选择图纸尺寸。

1）如果是实体打印机就根据需要选择纸张的大小。

2）如果是"DWG To PDF"打印，也是选择纸张大小，例如，ISO A3 或 ISO EXPAND A3（后者比前者页边距留白窄一点），高版本中可以选择 ISO full bleed A3（没有页边距留白，推荐使用这个）。至于"420×297"和"297×420"这两个都可以选择，在后面的图形方向中设定为横向即可，打印效果没有任何区别。

3）如果是"PublishToWeb JPG"的纸张大小，只提供了像素的单位可以选择，并且默认的像素分辨率没有所需要的，所以可以自己创建一个 A3 的来使用。具体方法是：单击"打印机/绘图仪"选项组"名称"栏右侧的"特性"按钮，在弹出的"绘图仪配置编辑器"对话框中单击"设备和文档设置"选项卡下的"自定义图纸尺寸"，在跳转至的"自定义图纸尺寸"选项组中单击"添加"按钮，系统弹出"自定义图纸尺寸"对话框，勾选"创建新图纸"，单击"下一步"按钮，"宽度"设置为 3 508，"高度"设置为 4 961，单击"下一步"按钮，"可

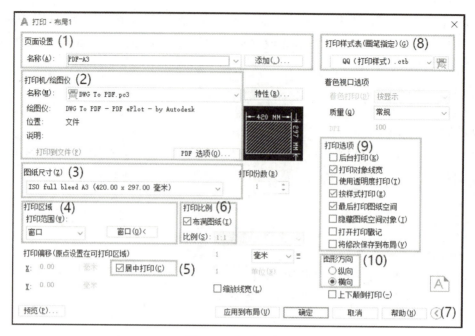

图 2.4.6 打印面板

打印区域"设置为默认,再单击"下一步"按钮图纸尺寸名改为"A3",单击"下一步"按钮,文件名也改为"A3"完成设置。以后可以直接选择调用。

(4) 打印区域:设置打印范围。一般单击"窗口"按钮,选择以后会直接回到绘图区域,在绘图区单击两次拉出一个矩形来设定打印窗口,并重新回到打印面板。如果没有设定好,则可以单击右边"窗口"按钮,再重新设定打印窗口。

(5) 打印偏移。一般勾选"居中打印"。

(6) 打印比例。一般勾选"布满图纸"。

(7) 单击整个面板的右下角带箭头标志的按钮,弹出右侧更多选项。

(8) 打印样式表:指定打印样式。

1) 默认为"无",无打印样式,所有的图形元素以绘制时的自身特性来打印,例如,红色的线就打印成红色的,线型和线宽的设置也一样,一切都以绘图时实际设置来打印。

2) 自带的"monochrome"样式,单色/黑白样式。选择这个样式,所有的图形以黑色打印,但是线型和线宽仍然以对象实际设置来打印。

3) 自建打印样式。具体方法是:单击"打印样式表"列表框右侧的下三角按钮,在弹出的下拉菜单中选择"新建"选项,在弹出的对话框中勾选"创建新打印样式表",单击"下一步"按钮,设置样式名,单击"下一步"按钮,单击"完成"按钮。然后在打印样式表下拉列表框中,就可以找到这个样式。

4) 修改打印样式。单击样式名右侧的"编辑"按钮,在弹出的"打印样式表编辑器"对话框中可以分别设置打印颜色、淡显、线型、线宽等特性(一般就设置这四个项目,其他的很少去设置)。设置完成后,单击"保存并关闭"按钮。图 2.4.7 就是一个范例。

视频:AutoCAD 批量打印方法

粗线	一般 用于最粗线	——	色号9	黑色	1.0	100%
中粗线	一般用于中粗线	——	色号40	黑色	0.5	100%
	一般用于墙体	——	色号7	黑色	0.5	100%
中线	一般用于门窗楼梯电梯	——	色号30	黑色	0.25	100%
	一般用于各类符号	——	色号2	黑色	0.25	100%
	一般用于家具/电器外柜	——	色号4	黑色	0.25	100%
	一般用于墙面/天花构造	——	色号6	黑色	0.25	100%
	一般用于非承重墙体	——	色号254	黑色	0.25	100%
中细线	一般用于尺寸标注	——	色号3	黑色	0.15	100%
	一般用于文字注释	——	色号44	黑色	0.15	100%
	一般用于文字	——	色号255	黑色	0.15	100%
细线	一般用于建筑轴线	——	色号1	黑色	0.1	100%
	一般用于内部线	——	色号5	黑色	0.1	85%
淡显	一般用于填充图案	——	色号8	黑色	0.09	60%

图 2.4.7　通过颜色控制打印线宽

（9）打印选项。一般不用设置，用默认的即可。

（10）图形方向。一般选择"横向"，或者根据需要选择。

3．打印预览

设置好打印面板后，就可以单击面板左下角"预览"按钮，观察打印效果，可以放大或缩小来查看。

确定没有问题，就可以直接单击"打印"按钮来打印。若有问题就单击"关闭预览窗口"按钮，进行修改。

2.4.3　工作环境设定和模板创建

由于需要对新建文件进行一系列的设定才能符合制图要求，因此如果每个项目都重新建空白文件开始就太耗费时间了。一般可以将一个新文件，根据工程制图的要求进行相关的格式设置，并在其中绘制好常用的图形、符号及图框，最后保存为一个文件（如命名为 A3 标准图框）。之后，每次开始一个新的制图任务，都可以打开这个标准文件开始绘图，并另存为其他文件名。这样可以避免每次绘图都要进行大量重复、烦琐的设置。

（1）新建空白文件。文件模板为 acadiso.dwt，文件类型为 .dwg。

（2）设置图形界限（Limits）。通常设置为 A3 的 1 000 倍。也可以在菜单栏执行"格式"→"图形界限"命令。

（3）关闭原点显示。在菜单栏执行"视图"→"显示"→"UCS 图标"命令。

（4）设置单位格式。在菜单栏执行"格式"→"单位"命令。单位为毫米。长度精度建议设置为 0.0。角度建议为 0。

（5）设置点样式。在菜单栏执行"格式"→"点样式"命令。

（6）设置多线样式。增加一个窗样式，要封口，并增加 0.16 和 –0.16 两根线。

（7）设置文字样式。建筑制图标准中规定字体为"长仿宋体"。在菜单栏执行"格式"→"文字样式"命令，新建样式命名为"长仿宋体"，文字高度不变（决不能改），SHX 字体为"txt"或"宋体"，大字体为"gbcbig"，宽度比例改为"0.7"。其余默认或根据需要调整（如是否要倾斜）。最后点应用，再点关闭。

（8）设置尺寸标注样式。在命令行输入"D"，按空格键，系统弹出"标注样式管理器"对话框，单击"新建"按钮，系统弹出"创建新标注样式"对话框，将"新样式名"改为"新建 1–1"（表示 1：1），单击"继续"按钮，系统弹出"新建标注样式：新建 1–1"对话框。"线"选项卡保持默认；"符号和箭头"选项卡全部改为"建筑标记"；"文字"选项卡中文字样式选择刚刚新建的"长仿宋体"，文字颜色建议改为白色；"调整"选项卡"文字位置"选项组选择为"尺寸线上方，带引线"，"标注特性比例"选项组选为"使用全局比例"将值设为 1；"主单位"选项卡，"线性标注"选项组精度值改为"0"，单击"确定"按钮。

"A3 标准图框模板文件"参考范例，请扫码下载（提取码：r3q5）

以 1–1 为基础，继续新建 1–5、1–10、1–20、1–30、1–50、1–75、1–100、1–125、1–150（只需要调整全局比例即可）。

（9）新建常用图层。轴线（长点画线、红色）、墙体（线宽为 0.5）、门窗、家具、尺寸标注、符号、图框等。图层名前加上个性标记。如果是布局出图则图层需要分细。

（10）根据个人习惯，设置十字光标和拾取方块的大小。建议拾取方块要大一些。

（11）绘制相应的图框，如 A3 图框，则本模板保存命名为"A3 标准图框"。另外，再绘制好常用符号和图例，方便制图过程中随时调用。

2.4.4 布局出图

到目前为止人们绘图都在模型空间。如果要在模型空间中按比例出图，就要用图框去放大套用，并且每张图都是独立的，万一有个细节要修改，则所有地方都要修改一遍，效率并不高。而通过布局出图，则在一定程度上提高了效率。

1. 环境设定

（1）图层的设定，要尽可能细分。颜色不要太多，并进行归类。具体设置可以参考图 2.4.8 所示。

视频：AutoCAD 布局出图

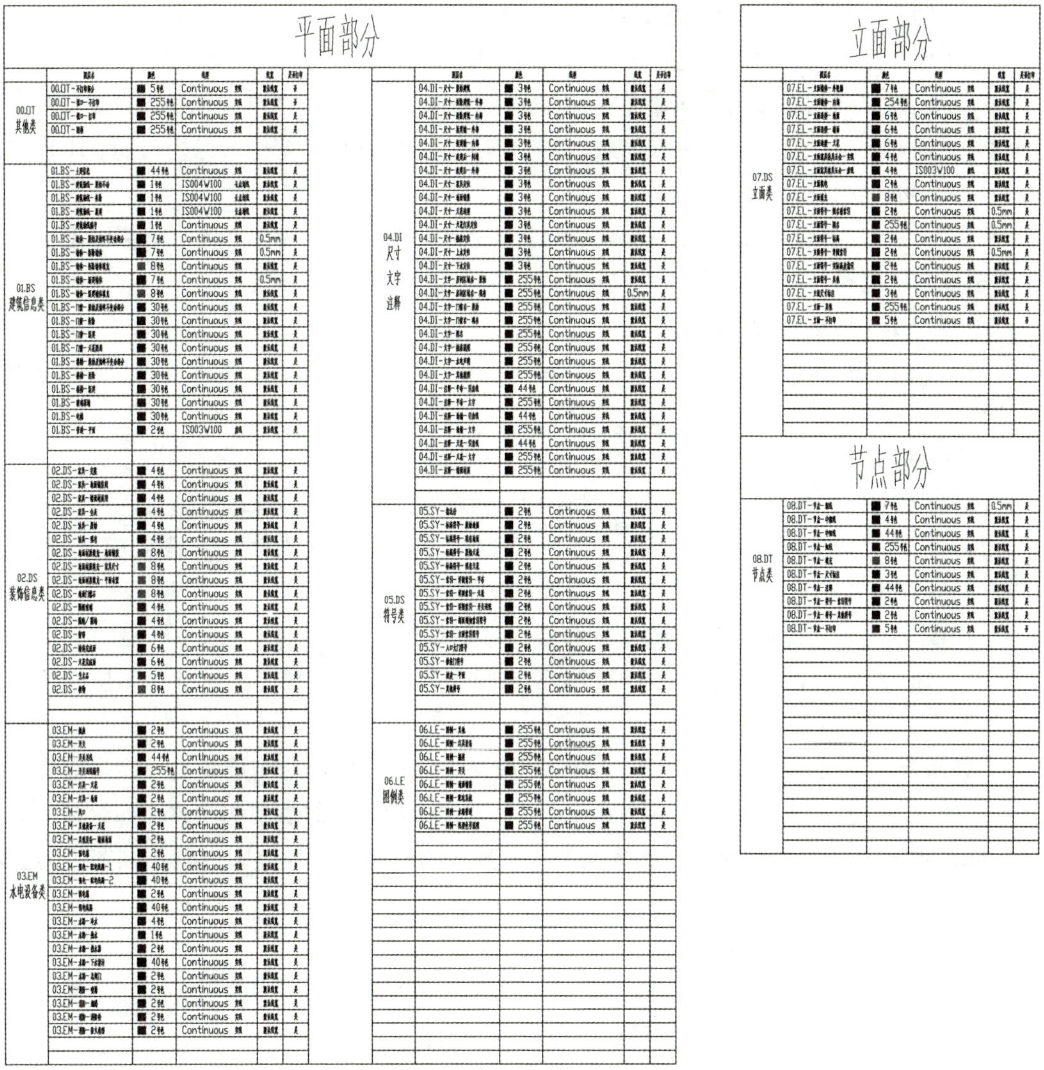

图 2.4.8 布局出图要细分图层

（2）背景颜色设定：在命令行窗口输入"OP"按空格键，系统弹出"选项"对话框，在"显示"选项卡中：

1）布局的统一背景设定为黑色。

2）取消"显示可打印区域""显示图纸背景"。

2. 基本概念、命令和操作

（1）新建视口（MV）：画矩形形成视口。另外，也可以先画好一个图形（如一个圆，或者一个封闭多段线的异形图形），然后在命令行窗口输入"MV"，按空格键，再输入"O"按空格键，选择这个图形，也可以形成视口。

（2）进入视口：

1）双击视口区域内部任意位置；或在命令行窗口输入"MS"，直接进入上一个视口。

2）进入视口后，就相当于进入了模型空间，可以进行任何模型空间中的操作。例如，在视口外面（即布局状态），按住鼠标滚轮移动，是平移整个布局；在视口内部（双击进入某视口后），按住鼠标滚轮移动，则是平移该视口内的显示效果。

（3）退出视口回到总布局：在命令行窗口输入"PS"，或双击视口区域外部任意位置。

（4）可以对视口进行任意修改（缩放、复制等）。复制视口，会保留源视口的基本设定，如视角、图层的显示与否等。

（5）双击视口线框，会最大化视口，同时进入视口的模型空间编辑状态。如果要退出，可以单击鼠标右键选择"最小化视口"，或在命令行输入"PS"按空格键。

（6）视口是模型空间的传送门。

1）在同一个文件中，无论建立了多少个视口，每个视口其实都是关联到同一个模型空间，相当于同一个模型空间的多个传送门。

2）删除视口本身，不会对模型空间造成任何影响。

3）在布局空间看视口，相当于站在传送门外观看传送门内的影像；双击进入视口，相当于趴在传送门边，把手伸进视口去操作；最大化视口，相当于整个人都钻进了传送门，直接面对广阔的模型空间。

4）在模型空间中做的绘制和修改，都会同步到每个视口；同理，进入任何一个视口中对模型空间做的绘制和修改，也会同步到模型空间和其他所有的视口。包括对图层的关闭和冻结。

5）如果要在不同的视口中显示不同图层，应该进入视口后，对图层单击"在当前视口对图层冻结或解冻"按钮。这不同于前面第4）点（对图形做直接的绘制和修改，如绘制图形，或者删除图形），是在不改变图形的情况下，对现有图形在不同视口中进行不同图层的显示与否。

（7）在视口中按比例显示。

1）新建一个视口后，默认会在视口中全范围显示当前模型空间中的所有图形（相当于输入"Z"按空格键→输入"E"按空格键的效果）。

2）双击进入视口后，可以滚动鼠标滚轮任意放大缩小显示效果（与模型空间操作完全一致）。

3）如果要按比例显示，一是可以输入"Z"按空格键→1/比例 xp，如 1/100 xp。二是在视口工具栏直接选择或输入所需比例。三是高版本的 CAD，可以直接在右下角选择比例。

4）设定好所需比例后，可以锁定视口显示比例：一是单击选择视口框，右键选择"显示锁定"命令，选择是即可；二是高版本的 CAD，可以直接在右下角单击"锁定"；三是视口锁定后，进入视口滚动滚轮，不再可以缩放显示视口内的图形，而仍然是缩放显示整个布局（相当于没有进入视口滚动滚轮）。但是需要注意的是，双击进入被锁定的视口，虽然不能缩放显示，但是仍然可以对视口内的模型内容进行任意操作。也就是说，锁定的是显示比例，而不是锁定所有操作。

（8）视口框本身的打印问题：新建两个图层，即视口-打印和视口-非打印。将非打印视口层设置为不打印（图层管理器中单击打印机图标）即可。

【例】 在实际制图中，尤其是在平面图中，设定好第一个视口的比例，锁定好，然后加上图名、指北针等每张图都有的内容，然后进行复制。这样，后面的视口也都一样是锁定比例的状态。

3. 其他技巧

（1）两个重叠视口。例如，一个大视口里面还有一个小视口，每次双击总是进入大视口。如果要进入小视口，可以选中小视口边界，右键单击"显示对象"中的"是"，然后双击小视口内部，即可顺利进入小视口。

（2）CHSPACE 命令（CHS），可以将图形在布局和视口模型中进行移动。

（3）MVSETUP 命令（MVS），可以将视口对齐，或将视口的显示进行旋转。操作前，需要将视口解锁。

（4）LAYVPI 命令（隔离图层）。通常在一个视口内新建一个图层，其他视口都会默认打开这个新建图层，要逐个去关闭太麻烦，可以在本视口内输入该命令，按空格键，选择要隔离显示的图元，再按空格键，即可。该图元所在图层只会在本视口内显示，称为"隔离图层"。

（5）在布局中，输入"LW"，把线宽归零。

（6）分别在模型和布局空间，输入"LT"，单击"显示细节"按钮，将比例因子设置为"1"，并取消"缩放时使用图纸空间单位"的勾选。

思考与总结

1. 视图缩放与图形缩放有什么区别？有哪些视图缩放的方式？

2. 图层管理器可以进行哪些操作？如何进行图层特性过滤？如何将某图形所在的图层置为当前？

3. 定义块和储存块有什么区别？如何插入块，以及可以进行哪些设置？带基点复制和粘贴为块的快捷键是什么？外部参照与块有哪些异同？

4. 如何进行图案填充？有哪些要注意的要点和具体操作方法？

5. 查询对象信息有哪些命令？

6. 如何打印图纸、打印 PDF 文件和打印 JPG 文件，有哪些具体设置？

7. 布局出图的原理是什么？什么是视口？布局出图的基本方法和步骤是什么？有哪些命令是布局出图要用到的？

课后练习

运用所学方法临摹绘制本章节的所有案例，并继续临摹 2.5 节中的基础练习。

评价反馈

1. 学生自我评价及小组评价

（1）是否明确本章节所学习的 AutoCAD 软件制图中其他常用功能和具体操作方法？□是 □否

（2）是否掌握 AutoCAD 软件打印的基本操作和设置要点？□是 □否

（3）是否掌握 AutoCAD 软件布局出图的基本原理和画法步骤？□是 □否

参评人员（签名）：_____

2. 教师评价

教师具体评价：

评价教师（签名）：_____　　　　　　年　月　日

AutoCAD 基础练习案例，请扫码下载（提取码：8bn9）

知识面拓展

尝试使用布局出图的方法绘制模块 5 的教学案例和实训案例。

2.5 AutoCAD 软件基础练习

2.5.1 几何图形练习

绘制图 2.5.1～图 2.5.20 共 20 张几何图形。

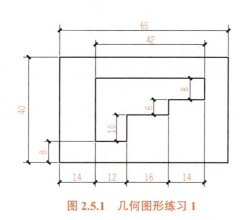

图 2.5.1　几何图形练习 1

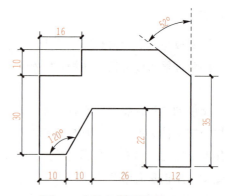

图 2.5.2　几何图形练习 2

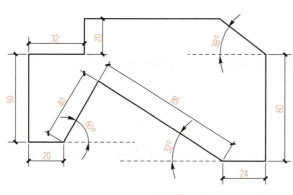

图 2.5.3　几何图形练习 3

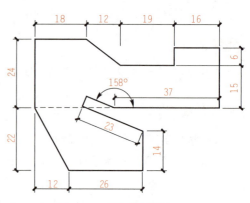

图 2.5.4　几何图形练习 4

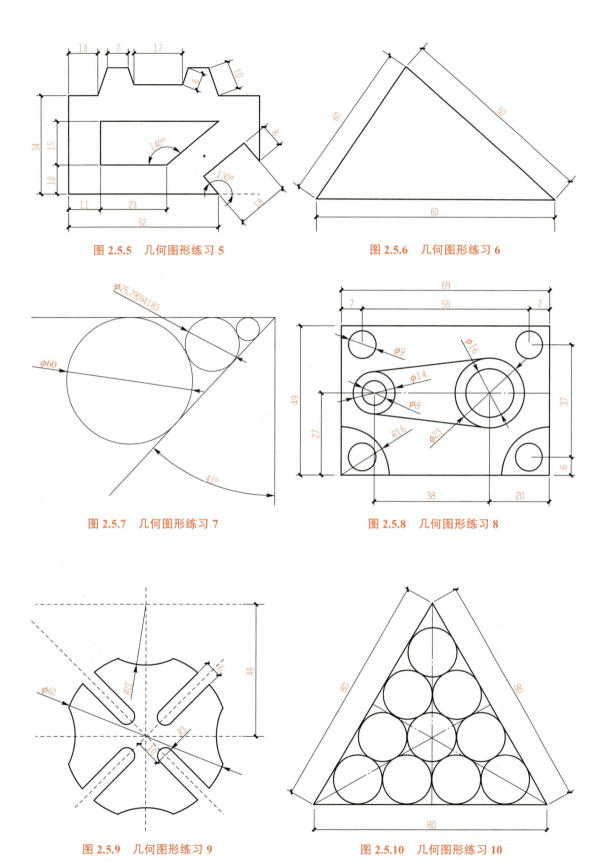

图 2.5.5　几何图形练习 5

图 2.5.6　几何图形练习 6

图 2.5.7　几何图形练习 7

图 2.5.8　几何图形练习 8

图 2.5.9　几何图形练习 9

图 2.5.10　几何图形练习 10

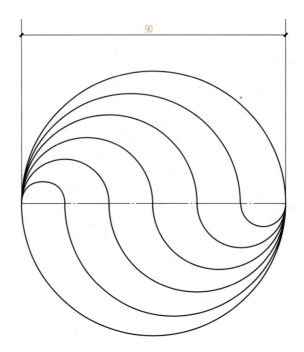

图 2.5.11　几何图形练习 11

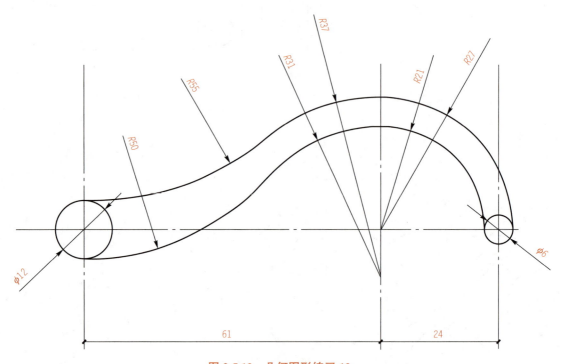

图 2.5.12　几何图形练习 12

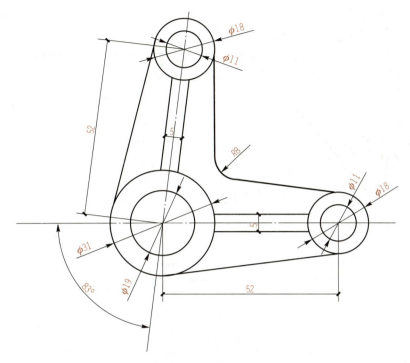

图 2.5.13　几何图形练习 13

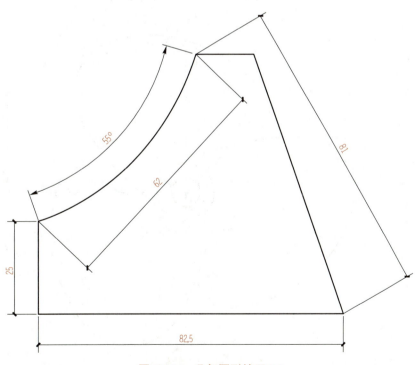

图 2.5.14　几何图形练习 14

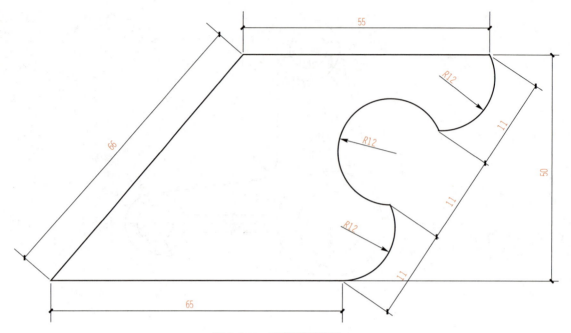

图 2.5.15 几何图形练习 15

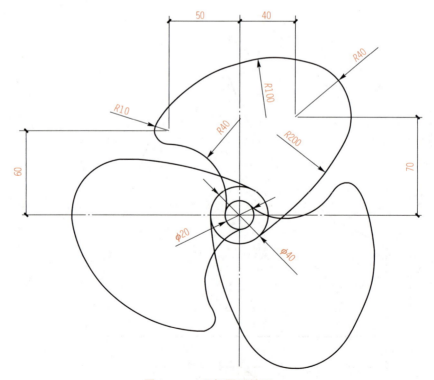

图 2.5.16 几何图形练习 16

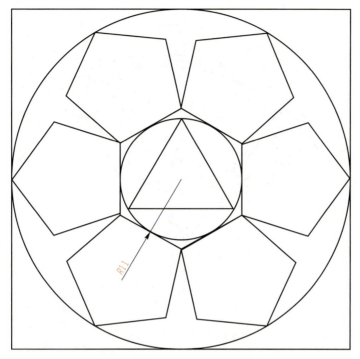

图 2.5.17 几何图形练习 17

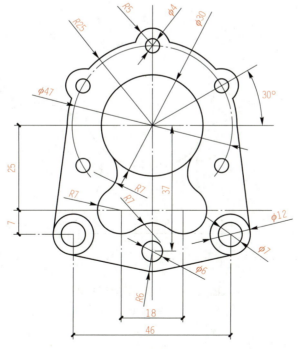

图 2.5.18 几何图形练习 18

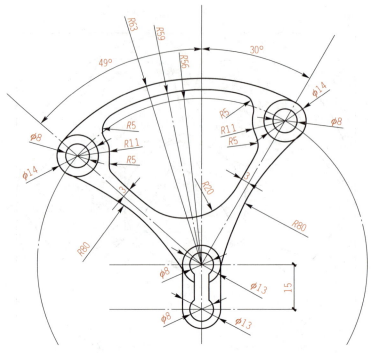

图 2.5.19　几何图形练习 19

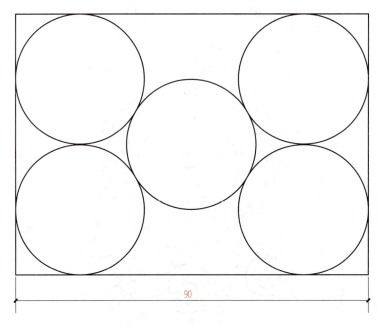

图 2.5.20　几何图形练习 20

2.5.2　家具图形练习

绘制图 2.5.21～图 2.5.24 共 4 张家具图形。尺寸标注的设置请复习 2.2.2 节。

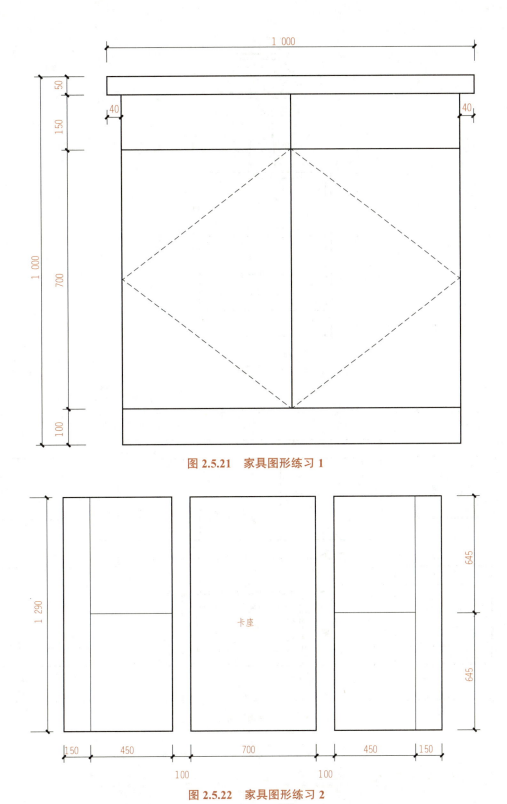

图 2.5.21　家具图形练习 1

图 2.5.22　家具图形练习 2

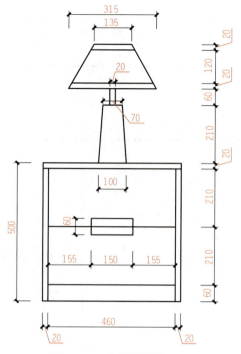

图 2.5.23　家具图形练习 3

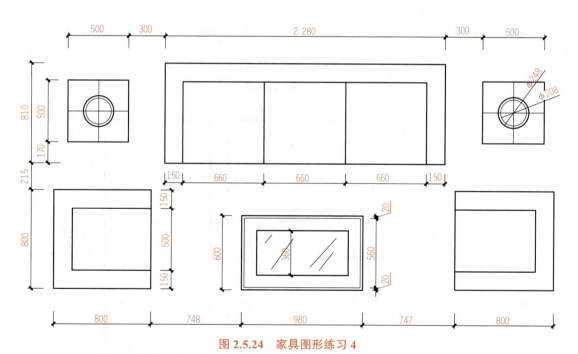

图 2.5.24　家具图形练习 4

2.5.3　户型图练习

绘制图 2.5.25～图 2.5.28 共 4 张户型图。

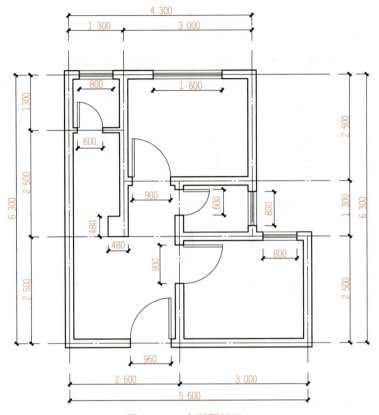

图 2.5.25 户型图练习 1

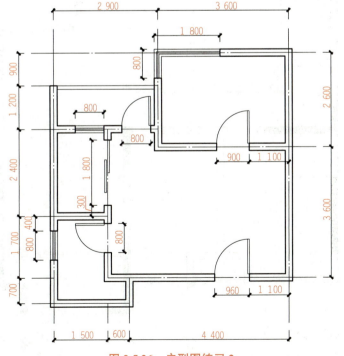

图 2.5.26 户型图练习 2

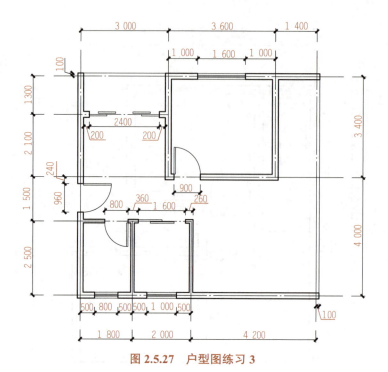

图 2.5.27　户型图练习 3

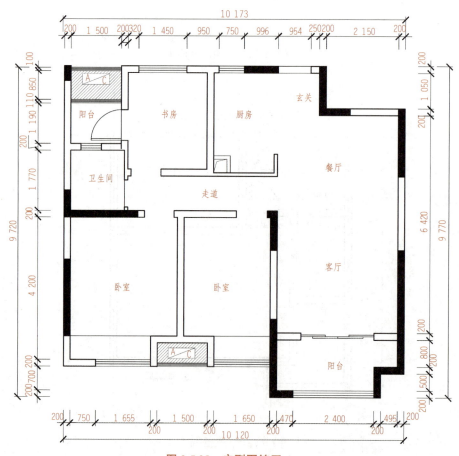

图 2.5.28　户型图练习 4

应用实训篇

装饰工程制图是岗位必备的核心技能。技能的养成，离不开科学合理、循序渐进，同时，又有一定强度的持续练习。经过了前面的学习，掌握了《房屋建筑制图统一标准》（GB/T 50001—2017），也理解了投影图、轴测投影图和透视图的相关概念，并基本掌握了其作图的方法，对学习装饰工程制图所需的基本理论和技法有了一定的积累。而理论积累和方法学习的根本目的是更好地开展应用实践。

因此，还需要针对家具制图、建筑制图和室内装饰工程制图开展基于工程项目、遵循工作流程、引导工作思路、贴合工作内容的针对性实训，强调"教、学、做"的一体化推进，强调实训内容的标准化、模块化，在此基础上进行大量的、持续的、反复的实训练习，从而实现核心技能的熟练掌握。

基于校企合作的长期深入开展，本篇中装饰工程制图的教学案例均来自校企合作单位的实际落地项目，符合制图国标和行业要求，并均经过施工检验；同时，每套案例都配套完整的施工过程图片资料，方便学生们对照学习，并且能够与"装饰材料""装饰构造与施工工艺"等课程实现充分的资源共享和内容衔接。

模块3　家具制图实训

模块任务描述

家具设计虽然属于产品设计的范畴，但是与室内设计关系密切，不可分割。家具的功能是室内整体功用的重要组成，家具的造型、色彩、材质等美学元素也是室内风格营造的具体表达；同时，从事家具产品设计也是学生毕业以后可以尝试的很好的就业选择。因此，在装饰工程制图的内容中引入家具设计制图的实训内容是有意义且必要的。

家具制图的原理和方法与前文学习的投影法关系密切，是所学的作图基础的具体运用，也是开展建筑工程制图和室内装饰工程制图实训之前的衔接与过渡。

学习任务关系图

3.1 家具制图的类型

应知理论：家具图形图样的基本概念、分类和特性。
应会技能：掌握不同类型家具图的形成方法、基本画法。
应修素养：通过制图基础知识和家具制图实训的结合，培养学以致用、活学活用的能力和素养。

学习任务描述：
1. 理解和掌握家具图的基本原理与作图技能。
2. 理解和掌握家具正投影视图、剖视图与剖面图、局部详图的相关内容，理解其在家具制作中的作用与意义。
3. 完成课后思考题和配套练习。

3.1.1 家具正投影视图

1. 家具的基本视图

（1）三视图。基于前文所学的正投影画法，即观察者—家具—投影面，按三个投影方向得到三个视图，即主视图、俯视图和左视图，这三个视图应用最多，如图3.1.1所示。

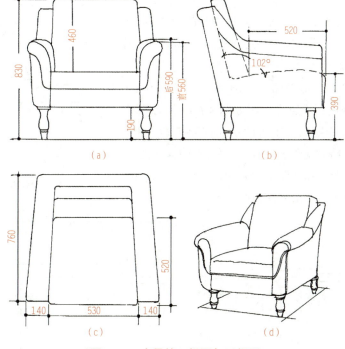

图 3.1.1 家具的三视图与透视图
（a）前视图；（b）左视图；（c）顶视图；（d）透视图

（2）基本视图。具体情况下还可以提供右视图、仰视图和后视图，统称为家具的基本视图，如图 3.1.2 所示。

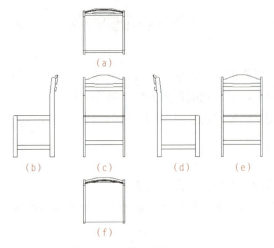

图 3.1.2　家具的基本视图

（a）仰视图；（b）右视图；（c）主视图（前视图）；（d）左视图；（e）后视图；（f）俯视图

2. 斜视图与局部视图

（1）斜视图。当物体某些部分因倾斜于基本投影面，而基本视图表达不能反映其表面实际形状和尺寸，遇到最多的是处于垂直斜面位置的表面。如图 3.1.3 所示的沙发上某一斜面是处于正垂面位置。这时设想用一新投影面平行于要表达的平面，然后进行投影，将所得到的投影图移动至适当的位置，这个投影图就称为斜视图。其标注用一个带字母的箭头表示投影方向。

（2）局部视图。局部视图是仅画出部分的视图，其投影方向还是基本视图投影方向，如图 3.1.4 所示。为了避免重复表达，不需要画整个视图，而仅要表达个别局部形状时，就采用局部视图表达方法，如图 3.1.4 中的"A 向"。当局部视图图形和整体不能分割，就用折断线如双折线或波浪线画出表达局部视图范围。

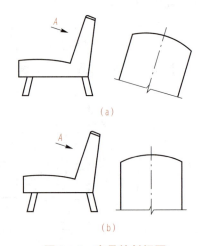

图 3.1.3　家具的斜视图

（a）斜视图；（b）旋转视图

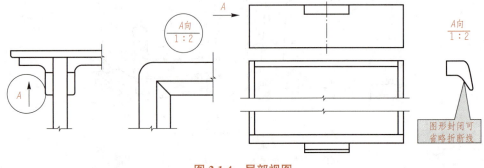

图 3.1.4　局部视图

3.1.2 家具剖视图

1. 剖视图的形成

为了表达家具内部结构，显示其装配关系，就要采用剖视的画法来表达。所以，家具结构图形表达方法基本上都采用剖视画法。其主要是将原来看不到的结构形状变成可以看到，如图 3.1.5 所示为一个框架结构板。为表达板内部各零件的装配关系，将左视图和俯视图画成剖视图，从图 3.1.5 中可以看出，剖到的实体部分画上了人造板或实木断面的剖面符号。

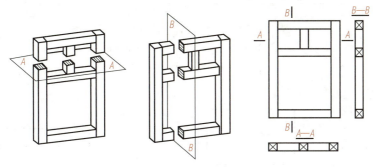

图 3.1.5　家具剖视图的形成

2. 剖视图的索引

与建筑制图相似，也是通过剖切索引符号进行剖切位置标注和图号索引，如图 3.1.6 所示。

3. 剖视图的剖面符号和图例

当家具或其零、部件画成剖视或剖面时，假想被剖切到的实体部分，一般都应画出剖面符号，以表示已被剖切的部分和零部件的材料类别。各种材料的剖面符号画法，《家具制图》（QB/T 1338—2012）作了详细的规定。需要注意的是，剖面符号用线（剖面线）均为细实线。表 3.1.1、表 3.1.2 中列出了家具常用材料的剖面符号和图例。

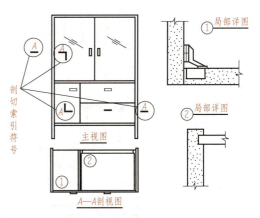

图 3.1.6　家具剖视图的索引

表 3.1.1　常用家具材料剖面符号

材料			剖面符号	材料	剖面符号
木材	横剖	方材		纤维板	
		板材			
	纵剖			金属	
	胶合板			塑料有机玻璃橡胶	

续表

材料		剖面符号	材料	剖面符号
刨花板		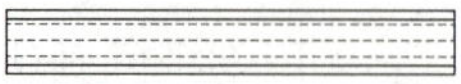	软质填充料	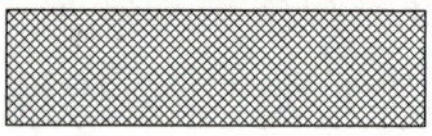
细工木板	横剖	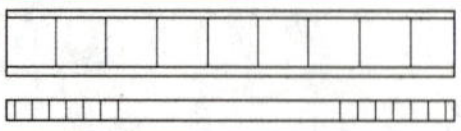	砖石料	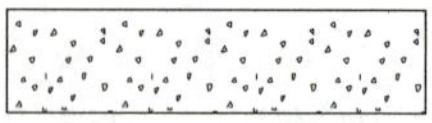
	纵剖	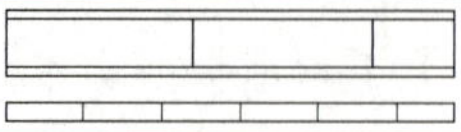		

表 3.1.2 常用材料图例与剖面符号

名称	图例	剖面符号
玻璃	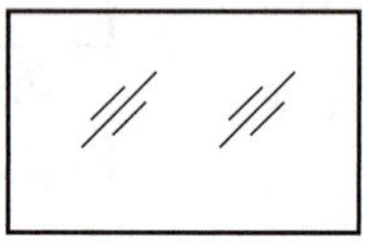	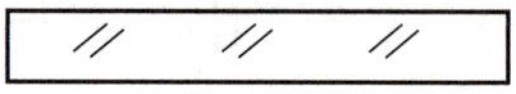
镜子	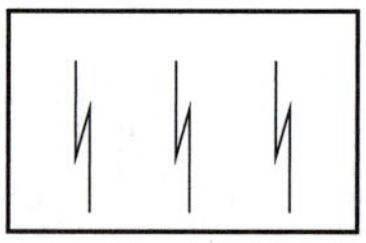	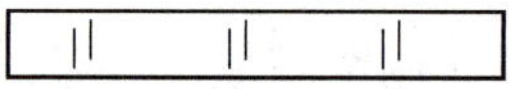
弹簧	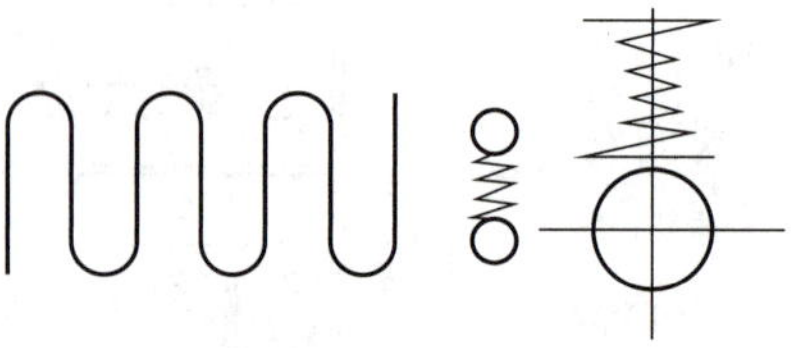	—
空心板	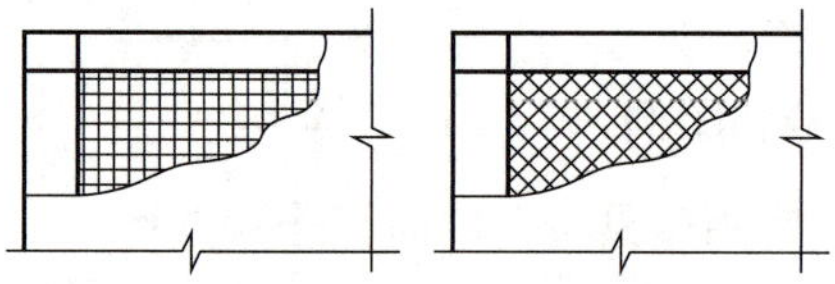	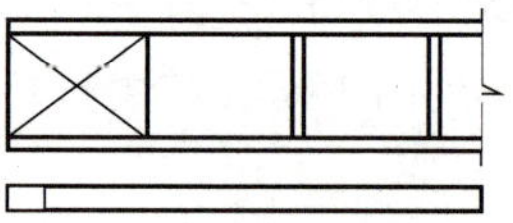
竹、藤编	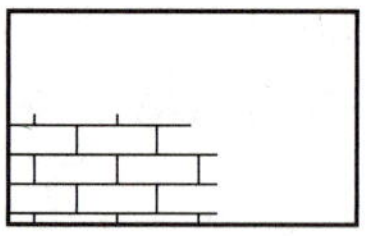	
网纱	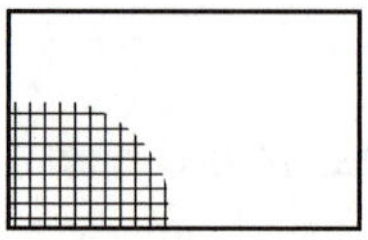	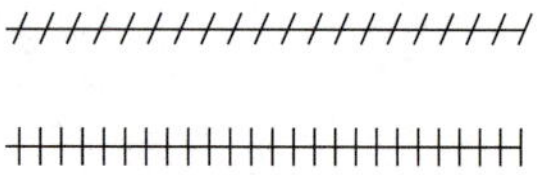

3.1.3 家具局部详图

将家具或其零部件的部分结构,用大于基本视图或原图形的画图比例画出的图形称为局部详图。局部详图是表达家具结构最常用的方法,解决了因基本视图用缩小比例致使图形局部更小而无法使各局部结构表达清楚的问题。局部详图可画成剖视、视图、剖面各种形式,以画成剖视最多,类似于室内装饰工程制图中的节点图。

局部详图安排的位置要便于看图,一是局部详图尽可能靠近被放大的图形处;二是有投影结构联系的尽可能画在一起,便于与原图形联系,具体如图 3.1.7 所示,其中的①、②、③号图都是局部详图,并且具有剖视效果。

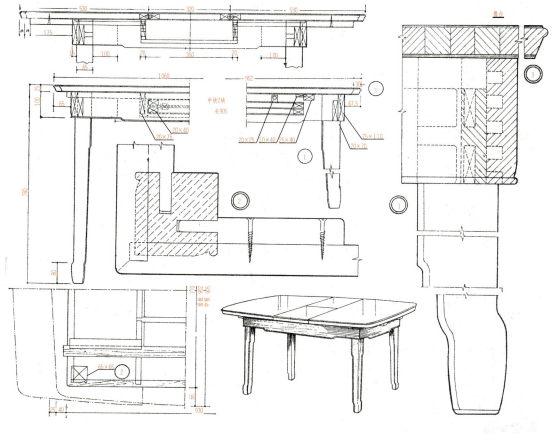

图 3.1.7 家具局部详图

3.1.4 家具制图的综合表达

为了更精准、更直观地表达家具形体,家具制图中往往会将正投影图、剖视图和透视图进行整体呈现,如图 3.1.8 所示。

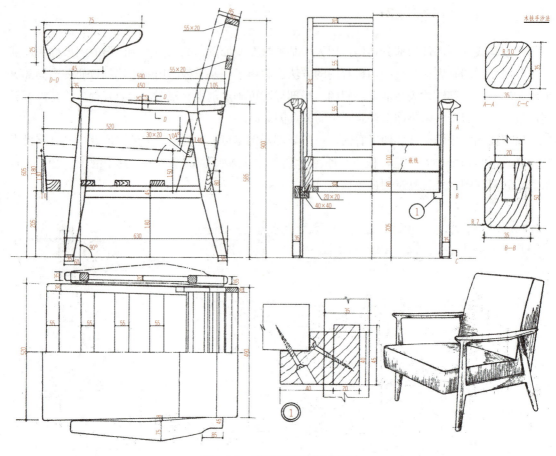

图 3.1.8　家具制图的综合表达

思考与总结

1. 家具制图的目的是什么？
2. 家具制图有哪些类型，其分别的图示内容、特点和画法是什么？
3. 家具制图中运用到了哪些之前学习过的制图知识和技法？

课后练习

根据尺寸临摹绘制 3.3 节的家具制图实训案例，手工制图和使用 AutoCAD 软件均可，建议都尝试一下。

评价反馈

1. 学生自我评价及小组评价

（1）是否明确家具制图的作用和基本内容？□是 □否

（2）是否掌握所学家具制图的种类和基本绘制方法与技巧？ □是 □否
（3）是否能够根据实际情况选择合适的家具视图？ □是 □否

参评人员（签名）：_____

2. 教师评价

教师具体评价：

评价教师（签名）：_____　　　　　　　　　　年　月　日

知识面拓展

选择生活中的三款家具，测量其尺寸，绘制其三视图和透视图。

3.2　家具制图的过程

应知理论：家具设计的思路、理念和设计定位的基本内容与方法。
应会技能：家具设计的草图绘制与方案图绘制。
应修素养：理解和熟悉开展工作的基本思路和步骤流程。
学习任务描述：
1. 理解和掌握家具设计的基本思路与方法。
2. 理解和掌握家具设计的基本过程、图纸类型与绘制方法，尝试进行简单的家具模型制作。
3. 完成课后思考题和配套练习。

3.2.1　设计定位与资料收集

1. 确定设计定位

家具设计的任务可能是设计者受业主的委托而进行的，也可能是设计者自己提出的自由创作的任务，但无论哪一种，在进行设计之前必须要先了解该项设计相关的设计要求、明确设计任务，这一步骤提供了有效的设计依据，确定了设计的定位，从而避免了设计者因一时兴起而忘记原来的主题与设计目的，走向与原来设计要求完全无关的方向。一项设计通常包含以下几个方面的具体要求：

（1）设计何物——指必须明确该项设计的具体要求，设计的家具是什么。是桌子还是椅子？如果是桌子，是办公桌还是餐桌？如果是椅子，是沙发椅还是餐椅等？

（2）为何人设计——这个家具是为什么人设计的，是男是女？是老是少？他们属于何种阶层？有什么特点？有什么好恶等？

（3）在什么地方使用——这个家具是在什么环境中使用的，是在住家中使用？或是在公共场所中使用？还是在郊外旅游时使用等？

（4）何时使用——这个家具是在什么时间使用的，是在白天还是晚上？是临时使用还是长期使用等？

（5）如何使用——这个家具在使用方面有何要求，是需要一个较大的空间用来存放物品还是只放置一些小型的装饰物品？是需要采用可折叠式结构来节约空间，还是选用便携式、移动式等。

在动手设计和勾画草图之前，首先应在头脑中考量上述几个方面的问题，这就是设计构思的开始。构思的过程就是不断调整这些设计因素的相互关系，使之明确化的过程。这样，此次设计的方向就逐渐明确化。

2．收集和积累家具设计资料库

资料在家具设计中起着参考的作用，能扩大构思，引导设计，为制订设计方案打下基础。通常，以草图形式固定下来的设计构思，是个初步的原型，工艺、材料、结构甚至成本等，都是设计中要解决的问题。因此，要广泛收集各种有关的参考资料，包括各地家具设计经验、中外家具发展动态与信息、工艺技术资料、市场动态等，进行整理、分析与研究综合，这是设计顺利进行的坚实基础。

3.2.2　构思与草图

在经过设计任务分析与资料收集两个程序以后，设计者的脑海中已形成了初步的设计概念和雏形，此时可以用草图的形式将之记录下来，如图 3.2.1 所示。

草图就是快速将设计构思记录下来的简便图形，它通常不够完善，但却直观地反映了设计者的设想。草图一般采用徒手画的方式，用便于表现修改的工具来操作。一般来说，一个设计通常要描绘多张草图，经过比较、综合、反复推敲，可以优选出其中较好的方案。

草图的第二个阶段是对设计细节的进一步研究。此时尽可能地描绘出各部分的结构分解图，一些接合点的连接方式也要放大绘制出。家具使用的材料及家具的各部分尺寸也要进行确定。最后是色彩的调节，可以使用色笔作多种色彩的配置组合图，从中选择出符合设计要求的一张。

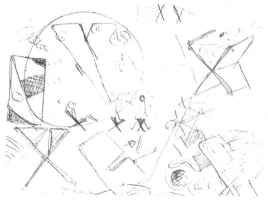 

图 3.2.1　草图与构思

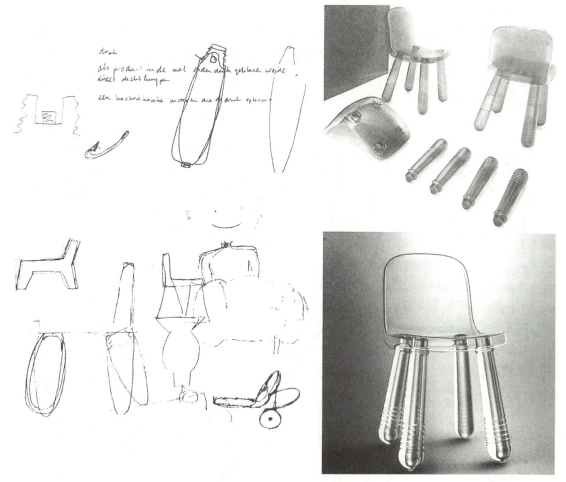

图 3.2.1　草图与构思（续）

3.2.3　设计表达与制图

家具方案图包括用墨线绘制的三视图和透视效果图。这个阶段是进一步将构思的草图和收集的设计资料融为一体，使之进一步具体化的过程。由构思方案开始直到完成设计模型，经过反复研究与讨论，不断修正，才能获得较为完善的设计方案。设计者对于设计要求的理解、选用的材料、结构方式及在一些基础上形成的造型形式，它们之间矛盾的协调、处理、解决，设计者艺术观点的体现等，最后都要通过设计方案的确定而全面地得到反映。

1. 三视图

以正投影法绘制家具产品的正立面图、侧立面图和俯视图。三视图应解决的问题是：第一，家具造型的形象按照比例绘制出，要能看出它的体型、状态，以进一步解决造型上的不足与矛盾；第二，要能反映主要的结构关系；第三，家具各部分所使用的材料要明确，如图 3.2.2 所示。

2. 透视图

透视效果图是表现家具的直观立体图，可以是单体、组合体，也可以与环境结合画成综合透视图，它阐述了如何在平面上运用点和线来表现空间形象，使之符合人们的视觉，具有真实与生动的效果，表现手法上主要有两种：一是以理性写实表现方法；二是感性的绘画表现方法，如图3.2.2所示。

图3.2.2　家具三视图和透视图的绘制

3. 最终方案图

由构思方案开始直到完成设计模型，经过反复研究与讨论，不断修正，才能获得较为完善的设计方案。设计者对于设计要求的理解、选用的材料、结构方式及在这些基础上形成的造型形式，它们之间矛盾的协调、处理、解决，设计者艺术观点的体现等，最后都要通过设计方案的确定而全面地得到反映。

设计方案应包括以下几个方面的内容：

（1）以家具制图方法表现出来的三视图、剖视图、局部详图和透视效果图；

（2）设计的文字说明；

（3）模型。以此向委托者征求对设计的意见。设计方案的数量，可视具体要求而定，如图3.2.3所示。

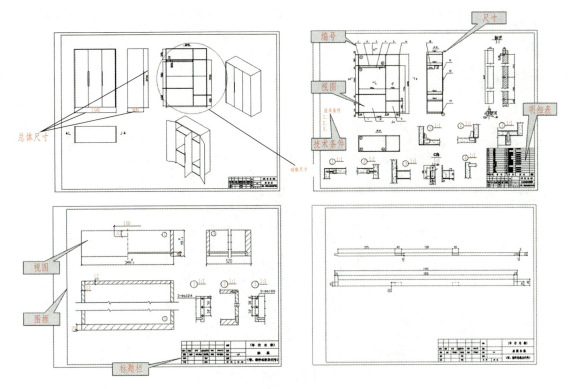

图 3.2.3 家具方案图的绘制

3.2.4 实物模型与样品

实物模型是设计方案确定之后，按 1∶1 的比例制作的实物，它能完全逼真地显示所设计的全部形体，具有研究、推敲、解决矛盾的性质。诚然，许多矛盾和问题，经过确定方案的全过程，已经基本上解决了。但是，与实物和成批生产还有一定的距离。造型是否全然满意，使用功能是否方便、舒适，结构是否完全合理，用料大小的一切细小尺寸是否适度，工艺是否简便，油漆色泽是否美观等，都要在制作实物模型的过程中最后完善和改进。制作实物模型，可以直接按照方案图的图纸无师自通加工制作。也可在方案图与实物模型之间增加一个环节，就是绘制比例为 1∶1 的足尺大样图。1∶1 的足尺图样是实物的足尺尺寸和具体的结构方式，因而，也就成为在动手制作实物之前，进一步加工、确定设计的过程，有利于实物模型制作后的效果。足尺寸样图是以三视图的方式绘制的，三视图可分开来用三张纸画，也可重叠在一起以红、蓝、黑三种颜色区别三种视图的方法画。

如果制作出来的实物模型比较完美，没有什么要修改的，则实物模型便成为产品的样品了（如有问题就需修改重做）。产品的样品是设计的终点，样品就具备了批量生产成品的一切条件。它是绘制施工图、编制材料表、制定加工工序的依据，也是进行质量检查、确定生产成本的依据。总之，是生产的依据，如图 3.2.4 所示。

图 3.2.4　家具模型与样品制作

思考与总结

1. 进行家具设计要考虑哪些问题，如何进行设计定位？
2. 家具设计的过程和设计制图的内容有哪些？
3. 家具实物模型和产品样品的意义与作用是什么？

课后练习

根据尺寸继续临摹绘制 3.3 节的家具制图实训案例，手工制图和使用 AutoCAD 软件均可，建议都尝试一下。

评价反馈

1. 学生自我评价及小组评价
（1）是否明确家具设计定位的意义和基本内容？ □是　□否
（2）是否明确家具制图的基本内容和绘制方法与技巧？ □是　□否
（3）是否能够自己设计简单的家具并进行设计表达？ □是　□否
参评人员（签名）：_____
2. 教师评价
教师具体评价：
评价教师（签名）：_____　　　　　　　　　　年　月　日

> **知识面拓展**

设计一款家具（如椅子），并尝试绘制家具设计图纸。

3.3 家具制图实训案例

图 3.3.1～图 3.3.9 所示为一套组合家具的产品图纸，包含整体效果图和单个家具的投影视图、剖视图、局部视图和效果图。

图 3.3.1　成套家具效果图

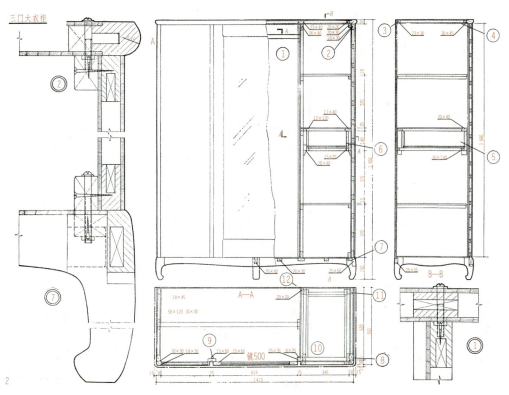

图 3.3.2　三门大衣柜 1

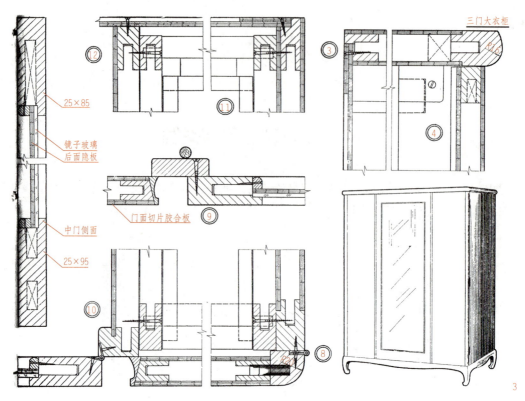

图 3.3.3 三门大衣柜 2

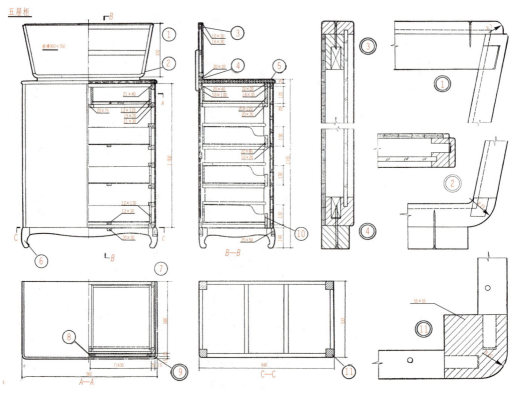

图 3.3.4 五屉柜 1

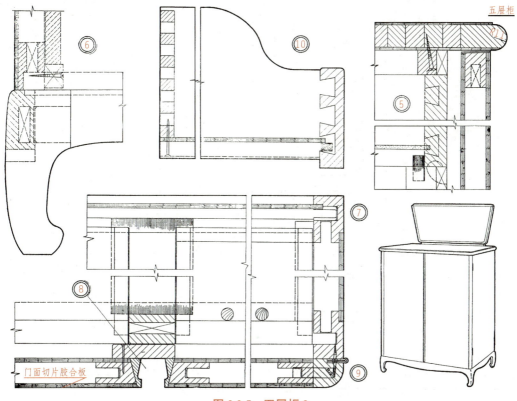

图 3.3.5 五屉柜 2

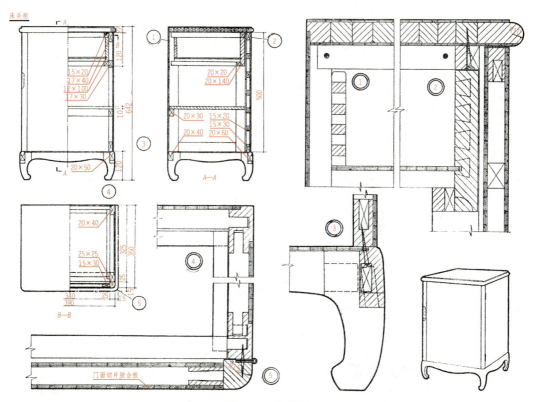

图 3.3.6 床头柜

· 147 ·

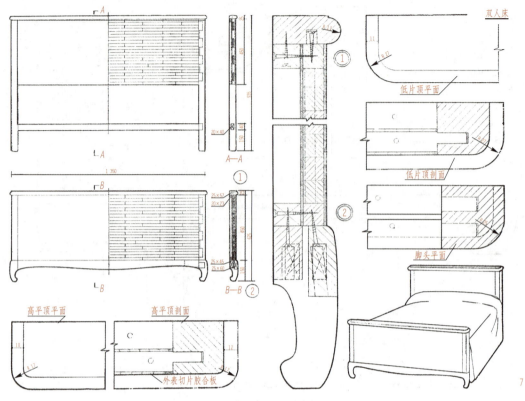

图 3.3.7 双人床

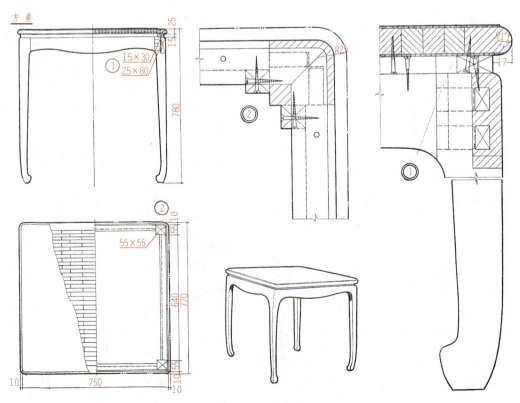

图 3.3.8 方桌

· 148 ·

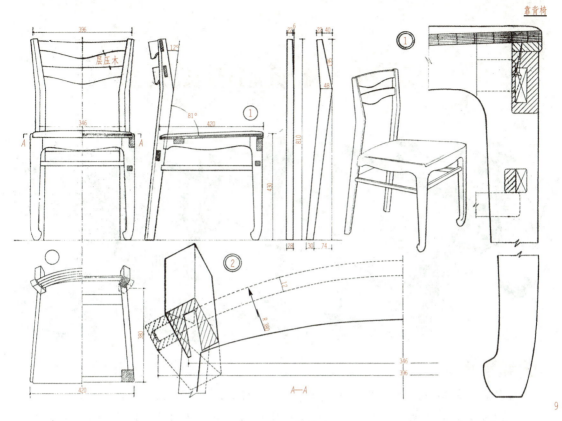

图 3.3.9 靠背椅

模块4　建筑制图实训

▋模块任务描述

建筑与室内装饰虽然属于不同的专业、不同的行业，但是关系十分密切。建筑工程的终点（毛坯房）是室内装饰工程的起点；室内装饰工程是广义的房屋建筑工程的重要组成部分；室内装饰设计施工图也是基于建筑施工图的基本原理、制图标准、相关图示符号来开展的。因此，学习室内装饰工程制图不可能绕开建筑工程制图来独立进行，必须在充分理解和掌握正确识读和绘制建筑施工图的基础上来进一步学习。具体来说，首先通过学习建筑施工图可以对建筑结构有比较清晰的认识和把握，对今后开展室内空间设计有重要意义；同时，学习建筑制图的相关原理和绘图方法，也是为准确识读和绘制室内装饰施工图打下坚实的基础。

▋学习任务关系图

4.1 基础概念

应知理论：建筑的分类、建筑的组成及其作用、建筑设计图的分类和内容。
应会技能：能正确阅读并临摹绘制建筑施工图。
应修素养：在学习建筑施工图的过程中，认真与现实生活中的建筑进行比对，培养善于观察、勤于思考的好习惯。
学习任务描述：
1. 了解和掌握建筑施工图绘制的国家标准。
2. 熟悉理解建筑施工图中各类图示的目的和作用，能正确识读建筑施工图。
3. 完成课后思考题和配套练习。

4.1.1 建筑的分类和组成

房屋建筑根据使用功能和使用对象不同可以分为公共建筑、居住建筑、工业建筑、农业建筑等很多种类。

1. 建筑的分类

（1）公共建筑。公共建筑是提供人们进行各种社会活动所需要的公共活动建筑，在建造中要求保证公众使用的安全性、合理性和社会管理的标准性。它除了要保证满足技术条件外，还必须严格地遵循一些标准、规范与限制。公共建筑包括：办公建筑、文教建筑、托教建筑、科研建筑、医疗建筑、商业建筑、观览建筑、体育建筑、旅馆建筑、交通建筑、广播建筑、园林建筑、纪念建筑等。

（2）居住建筑。居住建筑是人们生命活动的重要建筑，它更关注的是体现人们个性化的生活理念，创造一个科学的、最合适的居住环境，最大限度地提高人们的生活质量。居住建筑包括：适用型居所、休闲型居所、综合型居所、投资型居所等。

（3）工业建筑。工业建筑是为工业生产服务的各类建筑，如生产车间、辅助车间、动力用房、仓储建筑等。

（4）农业建筑。农业建筑是用于农业、牧业生产和加工用的建筑，如温室、畜禽饲养场、粮食与饲料加工站、农机修理站等。

2. 建筑的组成及其作用

各种使用功能的房屋，尽管它们在使用要求、空间组合、外形处理、结构形式、构造方式以及规模大小各有特点，但其基本的组成内容是相似的，构成它们的基本构配件通常有：基础、墙（柱、梁）、楼板层和地面、屋面、楼梯和门、窗等。

如图4.1.1所示，楼房的第一层称为首层（或称一层或底层），往上称二层、三层……顶层，它们由楼板分隔而成。屋面、楼板是房屋的水平承重构件，它将楼板上的各种荷载传递到墙或梁上去，再由墙或梁传给基础。屋面是房屋顶部的围护和承重构件。墙是房屋的垂直构件，起着防止风、沙、雨、雪和阳光的侵蚀或干扰的作用，还起着分隔房屋内部水平空间的作用。按受力情况有承重墙和非承重墙；按所处位置有内墙和外墙、纵墙和横墙。楼梯是房屋的垂直交通设施，走廊是房屋的水平交通设施，门是联系房屋的内外交通，窗主要用于采光、通风和眺望。门、窗又都起着分隔和围护的作用。除此以外，房屋中还有起着排水作用的构件，如天沟、雨水管、散水、明沟等；起着保护墙身作用的构件，如勒脚、防潮层等。

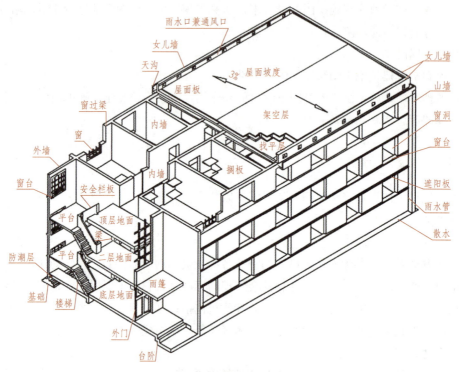

图 4.1.1 房屋建筑的组成

■ 4.1.2 建筑设计制图的分类、内容和特点

房屋的建造一般需经过设计和施工两个过程。设计的过程又可分为初步设计阶段和施工图设计阶段。但对一些技术上复杂而又缺乏设计经验的工程，还应在初步设计阶段的基础上增加技术设计（或称扩大初步设计）阶段，以此作为协调各工种的矛盾和绘制施工图的准备。不同的设计阶段对图纸有不同的要求，施工图是要求从满足施工要求的角度出发，提供完整翔实的资料。所以，把按照国家制图标准的规定，用正投影方法画出的一幢拟建房屋的内外形状和大小，以及各部分的结构、构造、装修、设备等内容，并达到能够指导施工的图样称为房屋施工图。

初步设计的目的是提出方案，说明该建筑的平面布置、立面处理、结构选型等。施工图设计则是为了修改和完善初步设计，以符合施工的需要。

1. 初步设计阶段

(1) 设计前的准备。接受任务，明确要求，学习有关政策，收集资料，调查研究。

(2) 方案设计。方案设计的前期是创意构思和草图初创阶段，如图 4.1.2 所示；当设计内容基本清晰后，就可以通过更为精准的平面、剖面和立面图样，把设计内容进行具体表达。

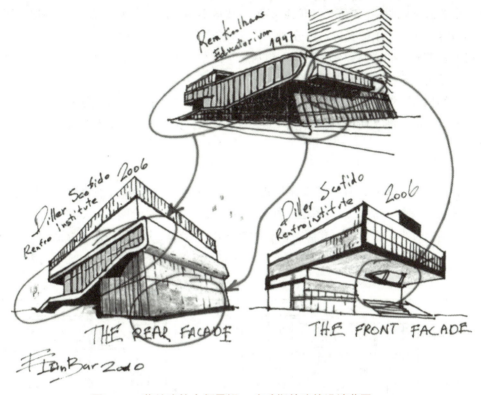

图 4.1.2　荷兰建筑大师雷姆·库哈斯的建筑设计草图

(3) 绘制初步设计图。方案设计确定后，需进一步去解决构件的选型、布置和各工种之间的配合等技术问题，从而对方案作进一步的修改。图样用绘图仪器按一定比例绘制好后，送交有关部门审批。

1) 初步设计图的内容：总平面布置图、建筑平面图、立面图、剖面图。

2) 初步设计图的表现方法：绘图原理及方法与施工图一样，只是图样的数量和绘图深度（包括表达的内容及尺寸）有较大的区别。同时，初步设计图图面布置可以灵活些，图样的表现方法可以多样些。如可画上阴影、透视、配景，或用色彩渲染，或用色纸绘画等，以加强图面效果，表示建筑物竣工后的外貌，以便比较和审查。必要时还可做出小比例的模型来表达。

2. 施工图设计阶段

施工图设计主要是将已经批准的初步设计图，按照施工的要求予以具体化。为施工安装、编制施工预算、安排材料、设备和非标准构配件的制作等提供完整、正确的图纸依据。一套完整的施工图，根据其专业内容或作用的不同，一般可分为以下几项：

(1) 图纸目录：对全套图纸内容进行罗列和索引。先列新绘制的图纸，后列所选用的标准图纸或重复利用的图纸。

（2）设计总说明（即首页）：内容一般应包括：施工图的设计依据；本工程项目的设计规模和建筑面积；本项目的相对标高与总图绝对标高的对应关系；室内室外的用料说明，如砖等级、砂浆等级、墙身防潮层、地下室防水、屋面、勒脚、散水、台阶、室内外装修等做法（可用文字说明或用表格说明，也可直接在图上引注或加注索引符号）；采用新技术、新材料或有特殊要求的做法说明；门窗表（如门窗类型、数量不多时，可在个体建筑平面图上列出）。以上各项内容，对于简单的工程，可分别在各专业图纸上写成文字说明。

（3）建筑施工图（简称建施图）：包括总平面图、平面图、立面图、剖面图和构造详图。本模块就是研究这些图样的识读和绘制。

（4）结构施工图（简称结施图）：包括结构平面布置图和各构件的结构详图。

（5）设备施工图（简称设施图）：包括给水排水、采暖通风、电气等设备的布置平面图和详图。

3．施工图的图示特点

（1）施工图中的各图样，主要是用正投影法绘制的。在图幅大小允许下，可将平面、立面、剖面三个图样，按投影关系绘制在同一张图纸上，以便于阅读，如图 4.1.3、图 4.1.4 所示。如果图幅过小，平面图、立面图、剖面图可分别单独画出。平面图、立面图和剖面图（简称"平、立、剖"）是建筑施工图中最重要的图样。

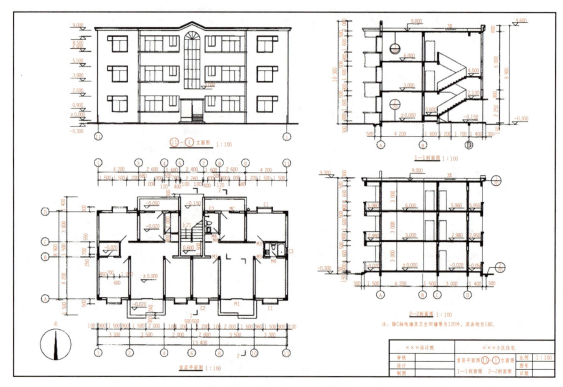

图 4.1.3　住宅建筑施工图示例 1

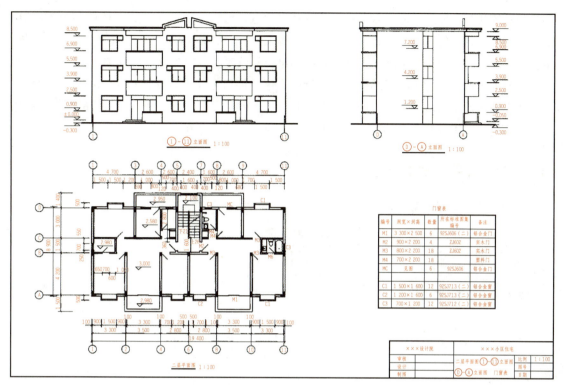

图 4.1.4 住宅建筑施工图示例 2

(2) 房屋形体较大,所以施工图一般都用较小比例(如 1 : 200、1 : 100)绘制。由于房屋内各部分构造较复杂,在小比例的平面图、立面图、剖面图中无法表达清楚,所以还需要配以大量较大比例(如 1 : 20、1 : 10)的详图。

(3) 由于房屋的构、配件和材料种类较多,为作图简便起见,国家制图标准规定了一系列的图形符号来代表建筑构配件、卫生设备、建筑材料等,这种图形符号称为图例。为读图方便,国家制图标准还规定了许多标注符号。所以,施工图上会大量出现各种图例和符号。

4. 阅读施工图的步骤

施工图的绘制是前述投影理论和图示方法及有关专业知识的综合应用。因此,要看懂施工图纸的内容,必须做好以下一些准备工作:

(1) 要熟识施工图中常用的图例、符号、线型、尺寸和比例的意义,详见本书 1.1 节的内容。

(2) 应掌握作投影图的原理和形体的各种表示方法,详见本书 1.3 和 1.4 节的内容。

(3) 由于施工图中涉及一些专业上的问题,故应在学习过程中善于观察和了解房屋的组成和构造上的一些情况。但对更详细的专业知识应留待专业课程中学习。

一套房屋施工图纸,简单的有几张,复杂的有十几张,几十张甚至几百张。当拿到这些图纸时,究竟应从哪里看起呢?

首先根据图纸目录,检查和了解这套图纸有多少类别,每类有几张。如有缺损或需用标准图和重复利用旧图时,应及时配齐。检查无缺损后,按目录顺序(一般是按"建施""结施""设施"的顺序排列）通读一遍，对工程对象的建设地点、周围环境、建筑物的大小及形状、结构形式和建筑关键部位等情况先有一个概括的了解。然后，负责不同专业（或工种）的技术人员，根据不同要求，重点深入地阅读不同类别的图纸。阅读时，应按先整体后局部，先文字说明后图样，先图形后尺寸等依次仔细阅读。阅读时，还应特别注意各类图纸之间的联系，以避免发生矛盾而造成质量事故和经济损失。本章将列出一般的民用房屋施工图中较主要的图纸，以作参考。所附各图因篇幅关系都缩小了，但图中仍注上原来的比例。

4.1.3 常用建筑材料图例

常用建筑材料图例见表4.1.1。

表 4.1.1　常用建筑材料图例

名称	图例	备注	名称	图例	备注
自然土壤		包括各种自然土壤	混凝土		1. 包括各种强度等级、骨料、添加剂的混凝土； 2. 在剖面图上绘制表达钢筋时，则不需绘制图例线； 3. 断面图形小，不易绘制表达图例线时，可填黑或深灰（灰度宜70%）
夯实土壤			钢筋混凝土		
砂、灰土			木材		1. 上图为横断面，左上图为垫木、木砖或木龙骨； 2. 下图为纵断面
砂砾石、碎砖三合土			泡沫塑料材料		包括聚苯乙烯、聚乙烯、聚氨酯等多聚物类材料
石材			金属		1. 包括各种金属 2. 图形较小时，可填黑或深灰（灰度宜70%）
毛石			玻璃		包括平板玻璃、磨砂玻璃、夹丝玻璃、钢化玻璃、中空玻璃、夹层玻璃、镀膜玻璃等
实心砖、多孔砖		包括普通砖、多孔砖、混凝土砖等	防水材料		构造层次多或绘制比例大时，采用上面的图例
饰面砖		包括铺地砖、玻璃马赛克、陶瓷锦砖、人造大理石	粉刷		本图例采用较稀的点

注：①本表中所列图例通常在1∶50及以上比例的详图中绘制表达。
②如需表达砖、砌块等砌体墙的承重情况时，可通过在原有建筑材料图例上增加填灰等方式进行区分，灰度宜为25%左右。
③自然土壤、夯实土壤、石材、普通砖、钢筋混凝土、金属图例中的斜线、短斜线、交叉线等均为45°。

【注】　建筑制图中的统一制图标准和常用符号详见本教材1.1节的内容。

思考与总结

1. 房屋建筑根据使用功能和使用对象的不同可分为哪些种类，分别有哪些具体的建筑类型？
2. 房屋建筑有哪些结构组成？
3. 建筑设计制图的分类、内容和特点是什么？

课后练习

仔细阅读图 4.1.3、图 4.1.4，找到所学的《房屋建筑制图统一标准》（GB/T 50001-2017）中相关标准和符号的具体运用，并做好记录。

评价反馈

1. 学生自我评价及小组评价

（1）是否熟悉掌握建筑设计的分类、组成？ □是 □否
（2）是否熟练掌握建筑设计图的性质与特点及其识图步骤？ □是 □否
（3）是否收集两种以上建筑图样，并能说出它的图形图样表达方式？ □是 □否

参评人员（签名）：_____

2. 教师评价

教师具体评价：

评价教师（签名）：_____　　　　　　　　年　月　日

知识面拓展

认真对照本教材图 4.1.1，对自己学校的教学楼进行观察对应，尽量找到图中所注释的建筑组成（屋顶不能上去就略过，观察过程中一定要注意安全）。

4.2　建筑施工图内容

应知理论：建筑总平面图、建筑平面图、建筑立面图、建筑剖面图、建筑详图的基本原理、图示内容、识图要点。

应会技能：建筑总平面图、建筑平面图、建筑立面图、建筑剖面图、建筑详图的画法步骤、技法要点和注意事项。

应修素养：养成做笔记的好习惯，学会归纳、勤于思考、善于总结。

学习任务描述：

1. 了解和掌握建筑施工图各类图示的原理、识读与绘制方法。
2. 独立完成教学案例中建筑施工图各类图示的临摹绘制。
3. 完成课后思考题和配套练习。

4.2.1 建筑总平面图

1. 图示简述

建筑总平面图也称"总体布置图"或"总平面布置图",用以表示建筑物、构筑物的方位、间距及道路网、绿化、竖向布置和基地临界情况等。其是按一般规定比例,将拟建工程四周一定范围内的新建、拟建、原有和拆除的建筑物、构筑物连同其周围的地形、地物状况,用水平投影方法和相应的图例所画出的图样。它能反映出上述建筑的平面形状、位置、朝向和与周围环境的关系,因此,成为新建筑的施工定位、土方施工及绘制水、暖、电等管线总平面图和施工总平面图的重要依据。

微课:建筑总平面

2. 图示内容

(1)标出测量坐标网(坐标代号宜用"X,Y"表示)或施工坐标网(坐标代号宜用"A,B"表示)。

(2)新建建筑(隐蔽工程用虚线表示)的定位坐标(或相互关系尺寸)、名称(或编号)、层数及室内外标高。

(3)相邻有关建筑、拆除建筑的位置或范围。

(4)附近的地形地物。如等高线、道路、水沟、河流、池塘、土坡等。

(5)道路(或铁路)和明沟等的起点、变坡点、转折点、终点的标高与坡向箭头。

(6)指北针或风玫瑰图。

(7)建筑物使用编号时,应列出名称编号表。

(8)绿化规划、管道布置。

(9)主要技术经济指标表。

(10)说明栏内注写:尺寸单位、比例、地形图的测绘单位、日期、坐标及高程系统名称(如为场地建筑坐标网时,应说明其与测量坐标网的换算关系),补充图例及其他必要的说明等。

上面所列内容,并非在任何工程设计都缺一不可,而应根据工程的特点和实际情况而定。如对一些简单的工程,可不画出等高线、坐标网或绿化规划和管道的布置等。

3. 图示实例

以图 4.2.1 为例进一步了解识读与绘制建筑总平面图的要点。

(1)先看图样的比例、图例及有关的文字说明。总平面图因包括的地方范围较大,所以绘制时都用较小的比例,如 1∶2 000、1∶1 000、1∶500 等。总平面图上标注的尺寸,一律以米为单位,一般注至小数点后两位,不足的以 0 补齐。图中使用较多的图例符号,必须熟识它们的意义。国家制图标准中所规定的几种常用图例,在较复杂的总平面图中,若用到一些国家制图标准没有规定的图例,必须在图中另加说明。

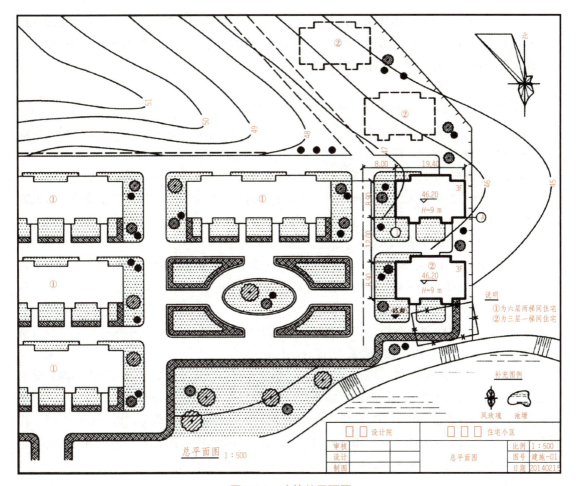

图 4.2.1　建筑总平面图

（2）了解工程的性质、用地范围和地形地物等情况。从图 4.2.1 的图名和图中各房屋所标注的名称，可知拟建工程是某小区内两幢相同的住宅。

（3）从图中所注写的室内（底层）地面和等高线的标高，可知该地的地势高低、雨水排泄方向，并可计算填挖土方的数量。图中所注数值，均为绝对标高。所谓绝对标高，是指以我国青岛市外的黄海海平面作为零点而测定的高度尺寸。房屋底层室内地面的标高（本例是 46.20），是根据拟建房屋所在位置的前后等高线的标高（图中是 45 和 47），并估算到填挖土方基本平衡而决定。如果图上没有等高线，可根据原有房屋或道路的标高来确定。需要注意的是室内外地坪标高标注符号的不同。

（4）明确新建房屋的位置和朝向。房屋的位置可用定位尺寸或坐标确定。定位尺寸应注出与原建筑物或道路中心线的联系尺寸，如图中的 8.00 和两新建建筑间的距离 12.00 等。用坐标确定位置时，宜注出房屋三个角的坐标。如房屋与坐标轴平行时，可只注出其对角坐标（本实例因较简单，没有注出坐标网）。从图上所画的风向频率玫瑰图，可确定该房屋的朝向。风向频率玫瑰图简称风玫瑰，一般画出十二个或十六个方向的长短线来表示该地区常年的风向频率。图中所示该地区全年最大的风向频率为西北风。

（5）从图中可了解到周围环境的情况。如新建筑的南边有一池塘，池塘的西边和北边有护坡，建筑物东面有一围墙，西边是道路，东南角有一待拆的房屋，北面有两幢待建的房屋和一段道路，西边还有原有房屋、道路和绿化等。

4. 建筑施工图绘制概述

（1）绘制施工图的目的和要求。通过前面的学习，基本上掌握了建筑施工图的内容、图示原理与方法，但还必须学会绘制施工图，才能把设计意图和内容正确地表达出来，并进一步认识房屋的构造及施工要求，提高读图能力。

在绘图过程中，要始终保持高度负责的工作态度和认真细致的工作作风。所绘制的施工图应符合国家制图标准有关规定，做到投影正确、表达清晰、尺寸齐全、字体工整及图样布置适当、图面整洁等，才能达到设计与施工的要求。

（2）施工图的绘制步骤和方法。

1）确定绘制图样的数量。根据房屋的形状、平面布置和构造的复杂程度，以及施工的具体要求，决定绘制哪几种图样。对施工图的内容和数量要作全面的规划，防止重复和遗漏。在清楚准确的前提下，图样的数量以少为好。

2）选择合适的比例。在保证图样能清楚表达其内容的情况下，根据不同图样的不同要求，选用不同的比例。常用比例见表1.1.7。

（3）进行合理的图面布置。图面布置（包括图样、图名、尺寸、文字说明及表格等）要主次分明、排列适当、表达清晰。在图纸幅面许可的情况下，尽量保持各图之间的投影关系，或将同类型的、内容关系密切的图样，集中在一张或顺序连续的几张图纸上，以便对照查阅。若画在同一张图纸时，平面图与立面图应长对正，立面图与剖面图应高平齐，平面图与剖面图应宽相等。若画在不同的图纸上时，它们相互对应的尺寸，均应相同。

（4）绘制图样。

1）绘制建筑施工图，一般是按平面图→立面图→剖面图→详图顺序进行。

2）为使图样画得准确与整洁，先用较硬的铅笔画出轻淡的底稿线。画图时，注意将同一方向或相等的尺寸一次量出，以提高画图的速度。底稿经检查无误后，按国家制图标准规定选用不同的线型，进行加深或上墨。加深或上墨时，一般习惯的次序是：同一方向或同一线型的线条相继绘画；先画水平线（从上到下），后画竖直线或斜线（从左到右）；先画图，后注写尺寸和说明。图线要注意粗细分明，以增强图面的效果。

建筑施工图中不同图示的具体绘制方法将在后面各小节进行汇报。

4.2.2 建筑平面图

1. 图示简述

假想用一水平的剖切面沿着门窗洞的位置将房屋剖切后，对剖切面以下部分所作出的水平剖面图，即建筑平面图，简称为平面图。其反映出房屋的平面形状、大小和房间的布置，墙或柱的位置、大小、厚度和材料，门窗的类型和位置等情况（图4.2.2）。它是施工图中最基本的图样之一。

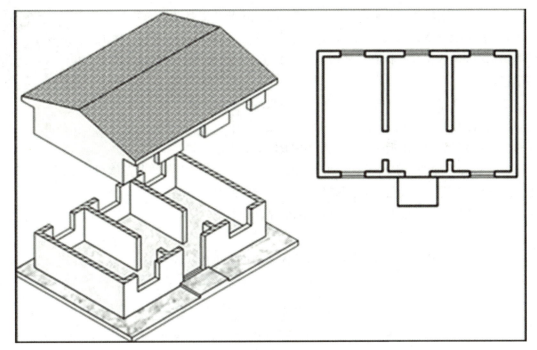

图 4.2.2 建筑平面图的形成

一般来说,房屋有几层,就应画出几个平面图,并在图的下方注明相应的图名,如首层平面图、二层平面图等。另外,还有屋面平面图(房屋顶面的水平视图),可适当缩小比例绘制(较简单的房屋也可不画)。如不同楼层的房间数量、大小和布置等都不同时,可用一个平面图表示,称为"标准层平面图",或称为"×层~×层平面图"。如建筑平面左右对称,可将两层平面画在同一个图上,左边画出一层的半个平面图,右边画出另一层的半个平面图,中间以一对称符号作分界线,并在图的下方分别注明图名。有时,根据工程性质及复杂程度,可绘制夹层、高窗、顶棚、预留洞等局部放大平面图。建筑平面如较长、较大或为组合式形状,一张图纸难以全部画出时,可分段绘制,并在每个分段平面图的右侧绘制出整个建筑外轮廓的缩小平面图,明显表示该段所在位置。

微课:建筑平面图的形成

平面图上柱和墙的断面,当比例大于 1 : 50 时,应画出其材料图例和抹灰层的面层线。如比例为 1 : 100 ~ 1 : 200 时,抹灰层的面层线可不画,而断面材料图例可简化画出:砖墙涂红色,钢筋混凝土墙和柱涂黑色。

2. 图示内容

(1)表示墙、柱、墩、内外门窗位置及编号,房间的名称或编号,轴线编号。

(2)标注出室内外的有关尺寸及室内楼、地面的标高(底层地面为 ±0.000)。

(3)表示电梯、楼梯位置及楼梯上下方向与主要尺寸。

(4)表示阳台、雨篷、踏步、斜坡、通气竖道、管线竖井、烟囱、消防梯、雨水管、散水、排水沟、花池等位置及尺寸。

（5）画出卫生器具、水池、工作台、厨、柜、隔断及重要设备位置。

（6）表示地下室、地坑、地沟、各种平台、阁楼（板）、检查孔、墙上留洞、高窗等位置尺寸与标高。如果是隐蔽的或在剖切面以上部位的内容，应用虚线表示。

（7）画出剖面图的剖切符号及编号（一般只注在底层平面）。

（8）标注有关部位节点详图的索引符号。

（9）在底层平面图附近画出指北针（一般取上北下南）。

（10）屋面平面图一般内容有女儿墙、檐沟、屋面坡度、分水线与落水口、变形缝、楼梯间、水箱间、天窗、上人孔、消防梯及其他构筑物、索引符号等。

以上所列内容，可根据具体项目的实际情况进行取舍。

3．图示实例

以图 4.2.3 为例进一步了解识读与绘制建筑总平面图的要点。

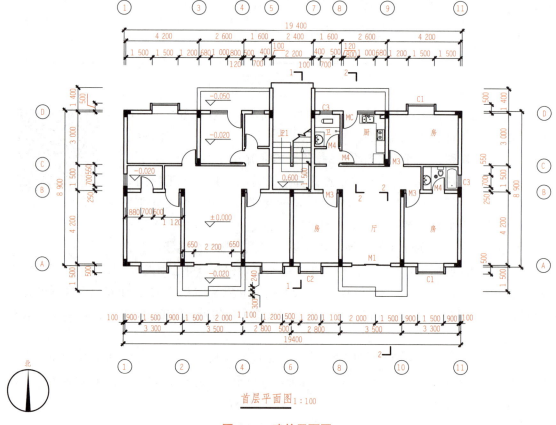

图 4.2.3　建筑平面图

（1）从图名可了解该图是哪一层的平面图及该图的比例。本例画的是首层平面图，比例为 1∶100。

（2）在首层平面图左下角，画有一个指北针，说明房屋的朝向。从图中可知，本例房屋坐北朝南。

(3) 从平面图的形状与总长、总宽尺寸，可计算出房屋的用地面积。

(4) 从图中定位轴线的编号及其间距，可了解到各承重构件的位置及房间的大小。本例的横向轴线为①～⑪，纵向轴线为Ⓐ～Ⓓ。此房屋是框架结构，图中轴线上涂黑的部分是钢筋混凝土柱。

(5) 从图中墙的分隔情况和房间的名称，可了解到房屋内部各房间的配置、用途、数量及其相互间的联系情况。整层平面以⑥轴为对称轴，分为左、右两单元（户）。

(6) 图中注有外部和内部尺寸。从各道尺寸的标注，可了解到房屋的总长、总宽，各房间的开间、进深，门窗及室内设备的大小和位置等。

1) 外部尺寸。为便于读图和施工，一般在平面图的下方及左侧注写三道尺寸：第一道尺寸，表示外轮廓的总尺寸，即指从一端外墙边（不是轴线）到另一端外墙边的总长和总宽尺寸；第二道尺寸，表示轴线间的距离，用以说明房间的开间及进深的尺寸。本例房间的开间有3 300 mm、3 500 mm、2 800 mm 和 4 200 mm 等，南面房间的进深是 4 200 mm，北面房间的进深是 3 000 mm；第三道尺寸，表示各细部的大小和位置，如门窗洞的宽度和位置、墙柱的大小和位置等。标注这道尺寸时，应与轴线联系起来，如①～②轴和⑩～⑪轴房间的窗 C1，宽度为 1 500 mm，窗边距离轴线为 900 mm。

另外，台阶（或坡道）、花池及散水等细部的尺寸，可单独标注。三道尺寸线之间应留有适当距离，一般为 7～10 mm，但第三道尺寸线应距离图形最外轮廓线 10～15 mm，以便注写尺寸数字。如果房屋前后或左右不对称，则平面图上四边都应注写尺寸。如有部分尺寸相同，另一部分不相同，可只注写不同的部分。如有些相同尺寸数量太多，可省略不注出，而在图形外用文字说明，如各墙厚尺寸均为 200。

2) 内部尺寸。在平面图上应清晰地注写出有关的内部尺寸，说明房间的净空大小和室内的门窗洞、孔洞、墙厚与固定设施（如厕所、盥洗室、工作台、搁板等）的大小及位置，同时，应注出室内楼地面标高。楼地面标高是各房间的楼地面对标高零点（注写为 ±0.000）的相对高度，也称相对标高。通常，首层主要房间的地面定为标高零点（相当于图 4.2.1 中室内地坪绝对标高 46.20 m）。标高符号与总平面图中的室内地坪标高相同。厨房和卫生间地面标高是 -0.020，表示该处地面比客厅和房间地面低 20 mm。北阳台地面标高是 -0.050，表示该处地面比客厅和房间地面低 50 mm。其他各层平面图的尺寸，除标注出轴线间的尺寸和总尺寸外，其余与底层平面相同的细部尺寸均可省略。

(7) 从图中门窗的图例及其编号，可了解到门窗的类型、数量及其位置。其中门的代号是 M，窗的代号是 C，在代号后面写上编号，如 M1、M2、…和 C1、C2、…。同一编号表示同一类型的门窗，它们的构造和尺寸都相同。如在平面图上表示不出的门窗编号，应在立面图上标注。从所注写的编号可知门窗共有多少种。一般情况下，在首页图或在平面图同页的图纸上，附有一门窗表（图 4.1.4），表中列出了门窗的编号、名称、尺寸、数量及其所选标准图集的编号等内容。至于门窗的具体做法，则要看门窗的构造详图。需要注意的是，门窗虽然用图例表示（图 4.2.4），但门窗洞的大小及其形式仍按投影关系画出。如窗洞有凸出的窗台时，应在窗的图例上画出窗台的投影。

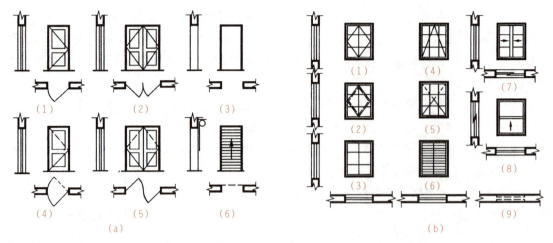

图 4.2.4　常用门窗图例

(a) 门图例

(1) 单扇门（包括平开或单面弹簧门）；(2) 双扇门（包括平开或单面弹簧门）；
(3) 空门洞；(4) 单扇双面弹簧门；(5) 双扇双面弹簧门；(6) 卷门

(b) 窗图例

(1) 单层外开平开窗；(2) 双层内外开平开窗；(3) 固定窗；
(4) 单层外开上悬窗；(5) 单层中悬窗；(6) 百叶窗；
(7) 左右推拉窗；(8) 上推窗；(9) 高窗（平面图）

(8) 从图中还可了解其他细部（如楼梯、搁板、墙洞和各种卫生设备等）的配置和位置情况。有关图例如图 4.2.5 所示。还有其他图例，可参看国家制图标准的有关介绍。

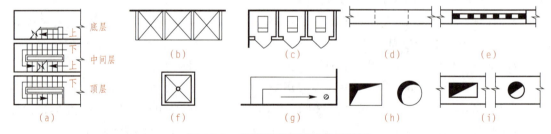

图 4.2.5　建筑平面图其他常用图例

(a) 楼梯；(b) 淋浴小间；(c) 厕所间；(d) 墙预留洞；(e) 花格窗；
(f) 污水池；(g) 小便槽；(h) 孔洞；(i) 烟道

(9) 图中还表示出室外台阶、散水和雨水管的大小与位置。有时散水（或排水沟）在平面图中只在转角处部分画出。

(10) 在首层平面图中，还画出建筑剖面图的剖切符号，如 1—1、2—2 等，以便与剖面图对照查阅。

4. 画法步骤

以图 4.2.3 为例，说明建筑平面图的画法步骤。具体过程如图 4.2.6 所示。

(1) 定轴线、墙身和柱 [图 4.2.6 (a)]。

(2) 定门窗位置，画细部，如门窗洞、楼梯、台阶、卫生间、散水等 [图 4.2.6 (b)]。

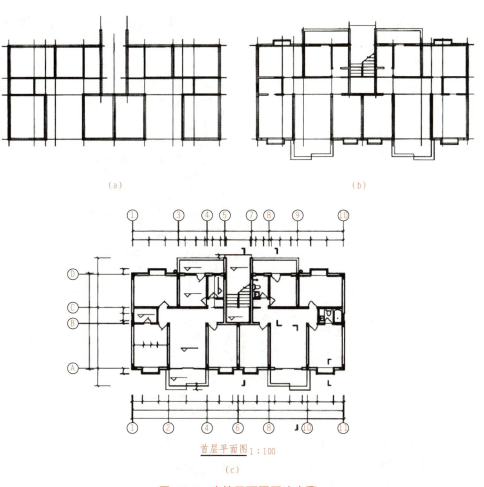

图 4.2.6 建筑平面图画法步骤

(a) 定轴线,画墙身和柱; (b) 定门窗位置,画细部; (c) 加深图线,完成平面图

(3) 经检查无误后,擦去多余的作图线,按施工图的要求加深图线 [图 4.2.6(c)],并注写轴线、尺寸、门窗编号、剖切符号、图名、比例及其他文字说明。完成后的平面图如图 4.2.3 所示。加深图线时,应注意正确使用图线的不同类型及线宽粗细,图线的宽度 b,应根据图样的复杂程度和比例大小,一般在 0.5~1.0 mm 范围内选用。被剖切的墙、柱用粗实线(b);门窗、洁具、楼梯、台阶、阳台等用中实线($0.5b$);其余用细实线($0.25b$)。

微课:建筑平面图的绘制练习

4.2.3 建筑立面图

1. 图示简述

在与房屋立面平行的投影面上,所作的房屋正投影图,称为建筑立面图,简称立面图(图 4.2.7)。其中反映主要出入口或比较显著地反映出房屋外貌特征的那一面的立面图,称为正立面图;其余的立面图相应地称为背立面图和侧立面图。通常也可按房屋的朝向来命名,

如南立面图、北立面图、东立面图和西立面图等。立面图还可按轴线编号来命名，如①～⑪立面图等。

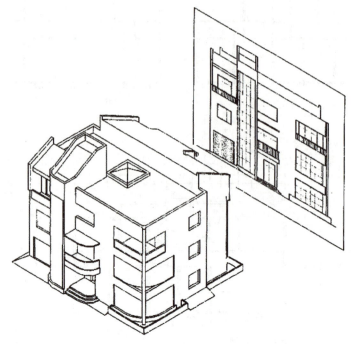

图 4.2.7　建筑立面图的形成

一座建筑物是否美观，很大程度上取决于它在主要立面上的艺术处理，包括造型与装修是否优美。在设计阶段中，立面图主要是用来研究这种艺术处理的。在施工图中，它主要反映房屋的外貌和立面装修的一般做法。

按投影原理，立面图上应将立面上所有看得见的细部都表示出来。但由于立面图的比例较小，如门窗扇、檐口构造、阳台栏杆和墙面复杂的装修等细部，往往只用图例表示。它们的构造和做法都另有详图或文字说明。因此，习惯上对这些细部只分别画出一两个作为代表，其他都可简化，只画出它们的轮廓线。若房屋左右对称时，正立面图和背立面图也可各画一半，单独布置或合并成一图。合并时，应在图的中间画一竖直的对称符号作为分界线。

微课：建筑立面图的形成

2. 图示内容

（1）画出室外地面线及房屋的勒脚、台阶、花台、门、窗、雨篷、阳台；室外楼梯、墙、柱；外墙的预留孔洞、檐口、屋顶（女儿墙或隔热层）、雨水管，墙面分格线或其他装饰构件等。

（2）注出外墙各主要部位的标高。如室外地面、台阶、窗台、门窗顶、阳台、雨篷、檐口标高、屋顶等处完成面的标高。一般立面图上可不注高度方向尺寸。但对于外墙留洞除注出标高外，还应注出其大小尺寸及定位尺寸。

（3）注出建筑物两端或分段的轴线及编号。

微课：建筑立面图的图示画法

（4）标出各部分构造、装饰节点详图的索引符号。用图例或文字或列表说明外墙面的装修材料及做法。

3. 图示实例

以图 4.2.8 为例进一步了解识读与绘制建筑总平面图的要点。

图 4.2.8　建筑立面图

（1）从图名或轴线的编号可知该图是表示房屋南向的立面图。比例与平面图一样（1∶100），以便对照阅读。

（2）从图上可看到该房屋的整个外貌形状，也可了解该房屋的屋顶、门窗、雨篷、阳台、台阶、花池及勒脚等细部的形式和位置。如主入口在中间、其上方有一联通窗（用简化画法表示）。各层均有阳台，在两边的窗洞左（右）上方有一小洞，为放置空调的预留孔。

（3）从图中所标注的标高，可知此房屋最低（室外地面）处比室内 0.000 低 300 mm，最高（女儿墙顶面）处为 9.6 m，所以房屋的外墙总高度为 9.9 m。一般标高注在图形外，并做到符号排列整齐、大小一致。若房屋立面左右对称时，一般注在左侧。不对称时，左右两侧均应标注。必要时为了更清楚起见，可标注在图内（如正门上方的雨篷底面标高）。标高符号的注法及形式，如图 1.1.13 所示。

（4）从图上的文字说明，了解到房屋外墙面装修的做法。如东、西端外墙为浅红色马赛克贴面，中间阳台和梯间外墙面用浅蓝色马赛克贴面，窗洞周边、檐口及阳台栏板边等为白水泥粉面（装修说明也可在首页图中列表详述）。

（5）图中靠阳台边上分别有一雨水管。

4. 画法步骤

以图 4.2.8 为例，说明建筑立面图的画法步骤。具体过程如图 4.2.9 所示。

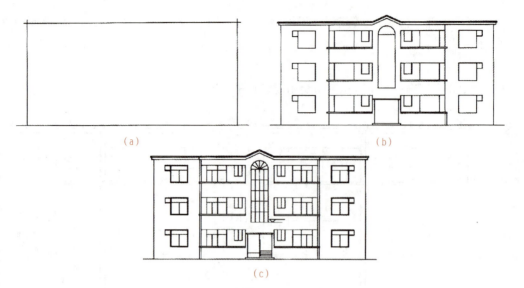

图 4.2.9 建筑立面图画法步骤
(a) 定室外地坪线、外墙轮廓线、屋面线；
(b) 定门窗位置，画细部；(c) 加深图线，完成立面图

(1) 定室外地坪线、外墙轮廓线和屋面线。
(2) 定门窗位置，画细部，如檐口、门窗洞、窗台、雨篷、阳台、雨水管等。
(3) 经过检查无误后，擦去多余的作图线，按施工图的要求加深图线，画出少量门窗扇、装饰、墙面分格线、轴线，并标注标高，写图名、比例及有关文字说明。

4.2.4 建筑剖面图

1. 图示简述

用一个或多个假想的垂直于外墙轴线的铅垂剖切面将房屋剖开，所得的投影图称为建筑剖面图，简称剖面图（图 4.2.10）。

剖面图用以表示房屋内部的结构或构造形式、分层情况和各部位的联系、材料及其高度等，是与平面图、立面图相互配合的不可缺少的重要图样之一。

剖面图的数量是根据房屋的具体情况和施工实际需要而决定的。剖切面一般横向，即平行于侧面，必要时也可纵向，即平行于正面。其位置应选择在能反映出房屋内部构造比较复杂与典型的部位，并应通过门窗洞。

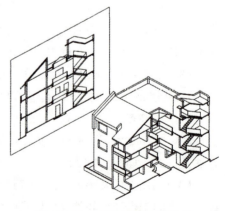

图 4.2.10 建筑剖面图的形成

若为多层房屋，应选择通过楼梯间或在层高不同、层数不同的部位。剖面图的图名编号应与平面图上所标注剖切符号的编号一致，如 1—1 剖面图、2—2 剖面图等。

剖面图中的断面，其材料图例与粉刷面层线和楼、地面面层线的表示原则及方法，与平面图的处理相同。

习惯上，剖面图中可不画出基础的大放脚。

2. 图示内容

（1）表示墙、柱及其定位轴线。

（2）表示室内底层地面、地坑、地沟、各层楼面、顶棚、屋顶（包括檐口、女儿墙、隔热层或保温层、天窗、烟囱、水池等）、门、窗、楼梯、阳台、雨篷、留洞、墙裙、踢脚扳、防潮层、室外地面、散水、排水沟及其他装修等剖切到或能见到的内容。

微课：建筑剖面图的形成

（3）标注出各部位完成面的标高和高度方向尺寸。

（4）表示楼、地面各层构造。一般可用引出线说明。引出线指向所说明的部位，并按其构造的层次顺序，逐层加以文字说明。若另画有详图，或已有"构造说明一览表"时，在剖面图中可用索引符号引出说明（如果是后者，习惯上这时可不作任何标注）。

微课：建筑剖面图的图示画法

（5）表示需画详图之处的索引符号。

3. 图示实例

以图 4.2.11 为例进一步了解识读与绘制建筑总平面图的要点。

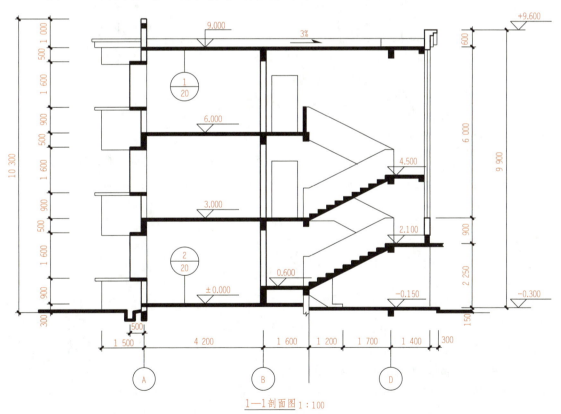

图 4.2.11　建筑剖面图

（1）从图名和轴线编号与平面图上的剖切位置和轴线编号相对照，可知 1—1 剖面图是一个剖切平面通过楼梯间，剖切后向左进行投射所得的横向剖面图。

（2）从图中画出房屋地面至屋面的结构形式和构造内容，可知此房屋垂直方向承重构件（柱）和水平方向承重构件（梁和板）使用钢筋混凝土构成的，所以，它是属于框架结构的形式。从地面的材料图例可知为普通的混凝土地面，又根据地面和屋面的构造说明索引可查阅它们各自的详细构造情况。

（3）图中标高都表示为与 ±0.000 的相对高度尺寸。如三层露面标高是从首层地面算起为 6.00 m，而它与二层楼面的高差（层高）仍为 3.00 m。图中只标注了门窗洞的高度尺寸。楼梯因另有详图，其详细尺寸也不在此注出。

（4）从图中标注的屋面坡度可知，该处为一单项排水屋面，其坡度为 3%（其他倾斜的地方，如散水、排水沟、坡道等，也可用此方法表示其坡度），箭头方向表示水流方向。

4. 画法步骤

以图 4.2.11 为例，说明建筑立面图的画法步骤。具体过程如图 4.2.12。

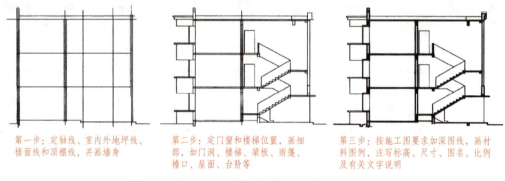

图 4.2.12　建筑剖面图画法步骤

（1）定轴线、室外地坪线、楼面线和顶棚线，并画墙身。

（2）定门窗和楼梯位置，画细部，如檐口、门窗、雨篷、阳台、屋面、台阶梁板等。

（3）经过检查无误后，擦去多余的作图线，按施工图的要求加深图线，标注标高、图名、比例及有关文字说明。

4.2.5　建筑详图

1. 图示简述

对房屋的细部或构、配件用较大的比例（1∶20、1∶10、1∶2、1∶1 等）将其形状、大小、材料和做法，按正投影图的画法，详细地表示出来的图样，称为建筑详图，简称详图。

详图的图示方法，视细部的构造复杂程度而定。有时，只需一个剖面详图就能表达清楚（如墙身剖面图）。有时，还需另加平面详图（如楼梯间、卫生间等）或立面详图（如门窗）。有时还要另加一张轴测图作为补充说明（本模块所附轴测图是为学习时对应看图的需要而画出，一般施工图中可不画）。

微课：建筑详图

详图的特点：一是比例较大；二是图示详尽清楚（表示构造合理，用料及做法适宜）；三是尺寸标注齐全。

详图数量的选择，与房屋的复杂程度及平面图、立面图、剖面图的内容及比例有关。现仅以外墙身、楼梯详图分别作一介绍。

2．外墙身详图

外墙身详图实际上是建筑剖面图的局部放大图，它表达房屋的屋面、楼层、地面和檐口构造、楼板与墙的连接、门窗顶、窗台和勒脚、散水等处构造的情况，是施工的重要依据。

详图用较大的比例（如 1∶20）画出。在多层房屋中，若各层的情况一样时，可只画底层、顶层或加一个中间层来表示。画图时，往往在窗洞中间处断开，成为几个节点详图的组合（图 4.2.13）。有时，也可不画整个墙身的详图，而是把各个节点的详图分别单独绘制。详图的线型要求与剖面图一样。

微课：建筑详图图示画法

现以图 4.2.13 为例，说明外墙身详图的内容与阅读方法：

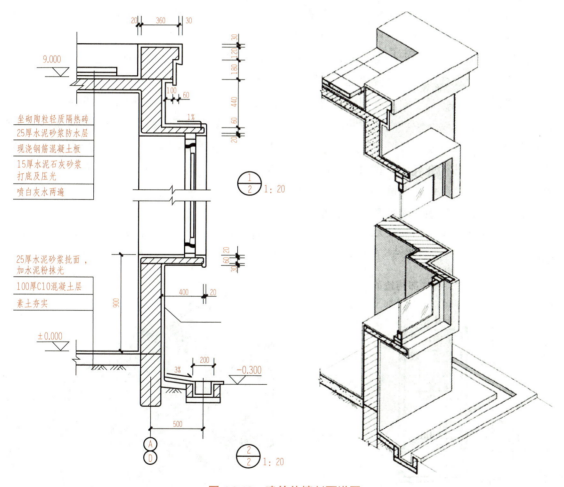

图 4.2.13　建筑外墙剖面详图

（1）根据剖面图的编号 3—3，对照图 4.2.3 平面图上相应的剖切符号，可知该剖面图的剖切位置和投影方向。详图中注明轴线的两个编号Ⓐ、Ⓓ，表示这个详图适用于Ⓐ、Ⓓ两个轴线的墙身，也就是说，在横向轴线①～⑪的范围内，Ⓐ、Ⓓ轴线上凡是设置有窗 C1 的地方，墙身各相应部分的构造情况都相同。

（2）在详图中，对屋面、楼层和地面的构造，采用多层构造说明法来表示（本图没有画出楼层部分）。

（3）上半部的详图为檐口部分。从图中可了解到屋面的承重层现浇钢筋混凝土板、砖砌女儿墙、水泥砂浆防水层、陶粒轻质隔热砖、水泥石灰砂浆顶棚和带有悬臂板窗顶的构造做法。

（4）下半部的详图为窗台及勒脚部分。从图中可了解到以C10素混凝土做底层的水泥砂浆地面，带有钢筋混凝土悬臂板的窗台，带有3%坡度散水的排水沟，以及内墙面和外墙面的装饰做法。

（5）在详图中，还注出有关部位的标高和细部的尺寸。窗框、窗扇的形状和尺寸因另有详图（图4.2.13）表示，故本图可简化或省略。

3. 楼梯详图

楼梯是多层房屋上下交通的主要设施，它除要满足行走方便和人流疏散畅通外，还应有足够的坚固耐久性。目前多采用预制或现浇钢筋混凝土的楼梯。楼梯是由楼梯段（简称梯段，包括踏步或斜梁）、休息平台（包括平台板和梁）和栏板（或栏杆）等组成的。

楼梯的构造一般较复杂，需要另画详图表示。楼梯详图主要表示楼梯的类型、结构形式、各部位的尺寸及装修做法，是楼梯施工放样的主要依据。

楼梯详图一般包括平面图、剖面图及踏步、栏板详图等，并尽可能画在同一张图纸内。平面图、剖面图比例要一致，以便对照阅读。踏步、栏板详图比例要大些，以便表达清楚该部分的构造情况。楼梯详图一般可分为建筑详图与结构详图，并分别绘制，分别编入"建施"和"结施"中。但对一些构造和装修较简单的现浇钢筋混凝土楼梯，其建筑和结构详图可合并绘制，编入"建施"或"结施"均可。

下面介绍楼梯详图的内容及其图示方法：

（1）楼梯平面图。一般每一层楼都要画一张楼梯平面图。三层以上的房屋，若中间各层的楼梯位置及其梯段数、踏步数和大小都相同时，通常只画出底层、中间层和顶层三个平面图就可以了（图4.2.14）。

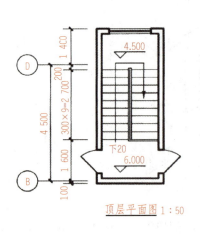
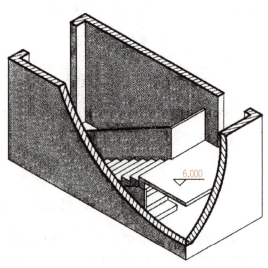

图 4.2.14　楼梯间平面图

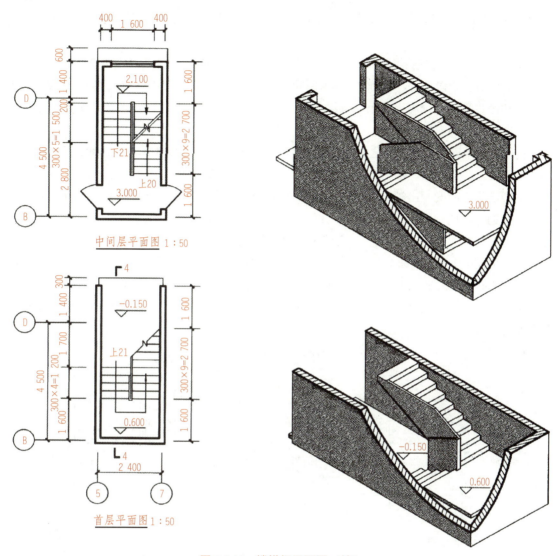

图 4.2.14 楼梯间平面图（续）

楼梯平面图的剖切位置，是在该层往上走的第一梯段（休息平台下）的任一位置处（参看图 4.2.14 的轴测图）。各层被剖切到的梯段，按国家制图标准规定，均在平面图中以一根 45°折断线表示。在每一梯段处画有一长箭头，并注写"上"或"下"字和步级数，表明从该层楼（地）面往上或往下走多少步级可到达上（或下）一层的楼（地）面。例如，二层楼梯平面图中，被剖切的梯段的箭头注有"上 20"，表示从该梯段往上走 20 步级可到达第三层楼面。另一梯段注有"下 21"，表示往下走 21 步级可到达底层地面。各层平面图中还应标出该楼梯间的轴线。而且，在底层平面图还应注明楼梯剖面图的剖切符号（如图 4.2.14 中首层平面图中的剖切位置 4-4）。

在楼梯平面图中，除标注出楼梯间的开间尺寸和进深尺寸、楼地面和平台面的标高尺寸外，还需标注出各细部的详细尺寸。通常把梯段长度尺寸与踏面数、踏面宽的尺寸合并写在一起。如底层平面图中的 9×300=2 700，表示该梯段有 9 个踏面，每一踏面宽为 300 mm，梯段长为 2 700 mm。通常,三个平面图画在同一张图纸内,并相互对齐,这样既便于阅读,又可省略标注一些重复的尺寸。

读图时,要掌握各层平面图的特点。本例楼梯因需要满足入口处净空 ≥ 2 000 mm 的要求,首层设有三个楼梯段。从首层平面图中可以看到从 –0.150 上到 0.600 处的第一梯段(共 5 级),和经过平台继续向上的第二梯段的一部分(以 45°折断线为界)。这两梯段注有"上 21"字样的长箭头。

由于剖切平面在安全栏板之上,在顶层平面图中画有两段完整的梯段(中间没有折断线)和楼梯平台,在梯口处只有一个注有"下 20"字样的长箭头。

中间层平面图既画出被剖切的往上走的楼梯(画有"上 20"字样的长箭头),还画出该层往下走的完整的梯段(画有"下 21"字样的长箭头)、楼梯平台及平台往下的梯段。这部分梯段与被剖切的梯段的投影重合,以 45°折断线为分界。

各层平面图上所画的每一分格,表示梯段的一级踏面。但因梯段最高一级的踏面与平台面或楼面重合,因此平面图中每一梯段画出的踏面(格)数,总比步级数少一格。如顶层平面图中往下走的第一梯段共有 10 级(参阅图 4.2.15),但在平面图中只画有 9 格,梯段长度为 9×300=2 700。

楼梯间平面图画法步骤如图 4.2.15 所示。

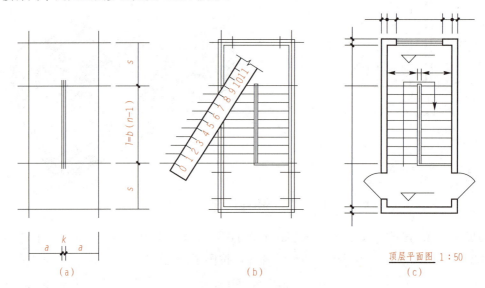

图 4.2.15 楼梯间平面图画法步骤

(a)定轴线、s 和 l 等位置;(b)定踏步、栏板和门、窗的位置;
(c)加深图线,注写标高、尺寸等

1)根据楼梯间的开间、进深和楼层高度,确定:s——平台深度;a——踏面长度;b——踏面宽度;l——梯段长度;k——两栏板厚度;n——级数[图 4.2.15(a)]。

2)根据 l、b、n 可用等分两平行线间距的方法画出踏面投影。踏面数等于 $n-1$ [图 4.2.15(b)]。

3)加深图线,注写标高、尺寸等,完成楼梯平面图[图 4.2.15(c)]。

（2）楼梯剖面图。假想用一铅垂面（图 4.2.14 中首层平面图中的剖切位置 4—4），通过各层的一个梯段和门窗洞，将楼梯剖开，向另一未剖到的梯段方向投影，所作的剖面图，即为楼梯剖面图（图 4.2.16）。剖面图应能完整、清晰地表示出各梯段、平台、栏板等的构造及它们的相互关系情况。本例楼梯，每层只有两个梯段，称为双跑式楼梯。从图中可知这是一个现浇钢筋混凝土板式楼梯。习惯上，若楼梯间的屋面没有特殊之处，一般可不画出。

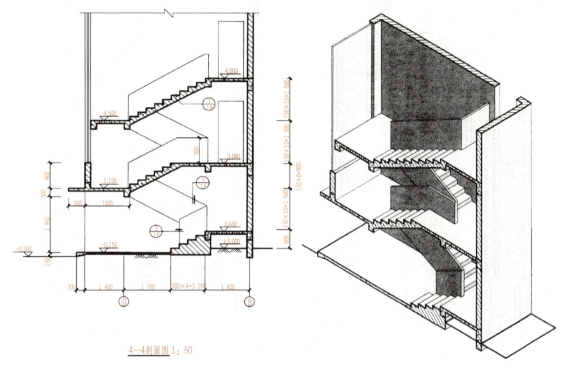

图 4.2.16　楼梯间剖面图

在多层房屋中，若中间各层的楼梯构造相同时，则剖面图可只画出底层、中间层和顶层剖面，中间用折断线分开（与外墙身详图处理方法相同）。

楼梯剖面图能表达出房屋的层数、楼梯梯段数、步级数及楼梯的类型与其结构形式。如本例的三层楼房，每层有两梯段。被剖梯段的步级数可以直接看出，未剖楼梯的步级，因被栏板遮挡而看不见，有时可画上虚线表示，但也可在其高度尺寸上标注出该段步级的数目。如第一梯段的尺寸 10×150=1 500，表示该梯段为 10 级，每级高度为 150。

剖面图中应注明地面、平台面、楼面等的标高和梯段、栏板的高度尺寸。梯段高度尺寸注法与楼梯平面图中梯段长度注法相同，在高度尺寸中注的是步级数，而不是踏面数（两者相差为 1）。由于楼梯下设有一储藏室，室内净高要求大于或等于 2 m。因此本例底层的两梯段高度不一致。栏杆高度尺寸是从踏面中间算至扶手顶面，一般为 900 mm，扶手坡度应与梯段坡度一致。

从图中的索引符号可知，踏步、扶手和栏板都另有详图，用更大的比例画出它们的形式、大小、材料及构造情况，如图 4.2.17 所示。

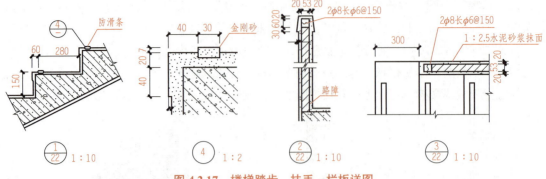

图 4.2.17　楼梯踏步、扶手、栏板详图

楼梯间剖面图画法步骤如图 4.2.18 所示。

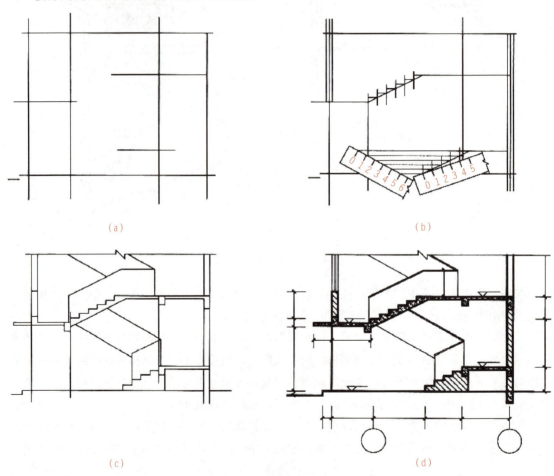

图 4.2.18　楼梯间剖面图画法步骤

(a) 画轴线，定楼地面、平台与梯段的位置；(b) 画墙身，定踏步位置；
(c) 画细部，如窗、梁、板及栏杆等；(d) 加深各种图线，标注标高，尺寸等，完成全图

根据楼梯平面图所示的剖切位置 4—4（图 4.2.14），画出楼梯的 4—4 剖面图，如图 4.2.18 所示（图中只画首层部分）。

（1）楼梯剖面图的比例、尺寸应与楼梯平面图一致。

（2）踏步位置，宜用等分平行线间距的方法来确定。

（3）栏板（栏杆）的高度一般为900 mm（从踏面中间算至扶手顶面），扶手坡度应与梯段坡度一致。

4．门窗详图

门与窗是房屋的重要组成部分，其详图一般都预先绘制成标准图，以供设计人员选用。如果选用了标准图，在施工图中就要用索引符号并加注所选用的标准图集的编号表示，此时，不必另画详图。如果门、窗没按标准图选用，就一定要画出详图。

门窗详图一般用立面图、节点详图、断面图及五金表、文字说明等来表示。按规定，在节点详图与断面图中，门窗料的断面一般应加上材料图例（图4.2.19）。

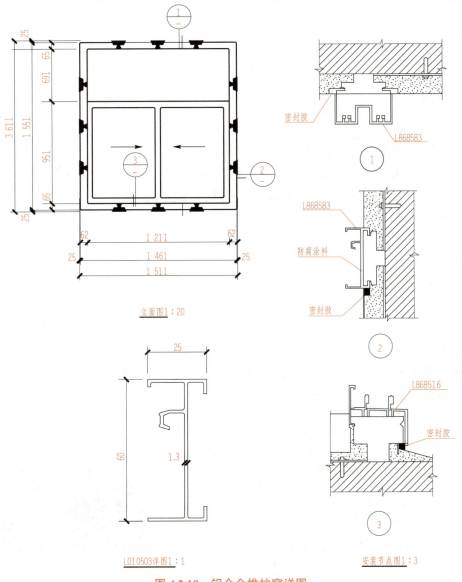

图 4.2.19　铝合金推拉窗详图

思考与总结

1. 一套完整的建筑施工图一般包含哪些部分？
2. 房屋施工图与前面学过的组合形体、建筑形体的投影图比较，具有哪些特点？
3. 为什么要熟悉国家制图标准规定的图例和符号？施工图中常用的有哪些图例和符号？
4. 总平面图有哪些内容？所标注的尺寸以什么为单位？
5. 建筑平面图有哪些内容？它的轴线是如何编号的？所标注的三道尺寸分别是什么内容？尺寸的单位又是什么？
6. 建筑立面图如何命名？它图示哪些内容？标注什么尺寸？
7. 建筑剖面图的图名怎样编号？从哪种图上可以找到它的剖切位置和投射方向？
8. 建筑详图有哪些特点？楼梯的首层、中间层和顶层平面图有哪些不同？

课后练习

使用 AutoCAD 软件，根据尺寸临摹绘制 4.3 节的建筑制图实训案例。

评价反馈

1. 学生自我评价及小组评价

（1）是否熟悉掌握建筑施工图的分类、内容？□是 □否

（2）是否掌握建筑施工图的画法步骤并能够完整临摹本教材案例？□是 □否

（3）是否明确建筑施工图与室内装饰施工图的关系？□是 □否

参评人员（签名）：_____

2. 教师评价

教师具体评价：

评价教师（签名）：_____   年   月   日

知识面拓展

参观考察一家建筑工程公司，了解其日常工作情况和工作内容，在公司允许的情况下收集其一到两个实际建筑项目案例，分析项目图纸运用了哪些制图标准，分别有哪些图示内容，图纸中有没有看不懂的地方并现场进行询问和了解。

4.3 建筑制图实训案例

1. 某门卫室建筑施工图

某门卫室建筑施工图如图 4.3.1 所示。

微课：建筑施工图基础

微课：建筑施工图拓展

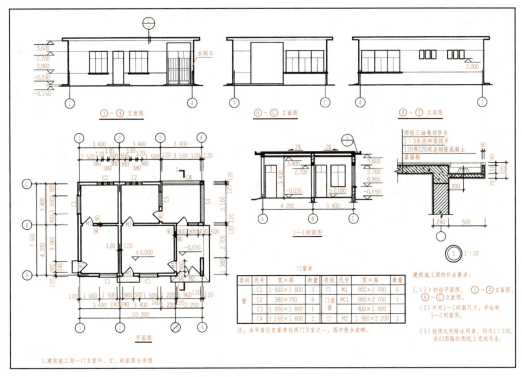

图 4.3.1 某门卫室建筑施工图

2. 某住宅建筑施工图

某住宅建筑施工图如图 4.3.2～图 4.3.9 所示。

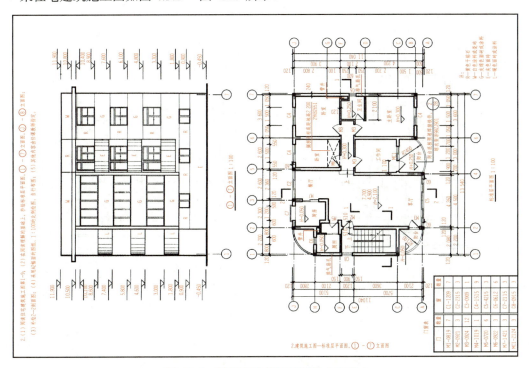

图 4.3.2 某住宅建筑平面图及立面图 1

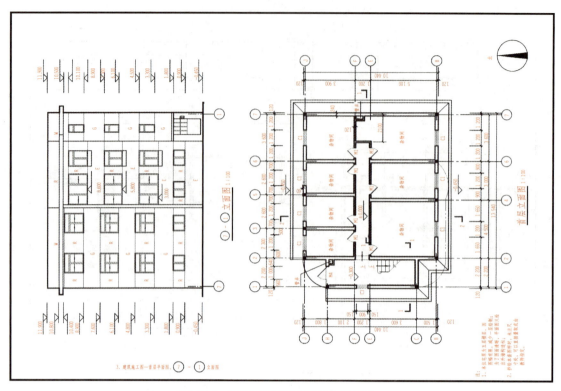

图 4.3.3　某住宅建筑平面图及立面图 2

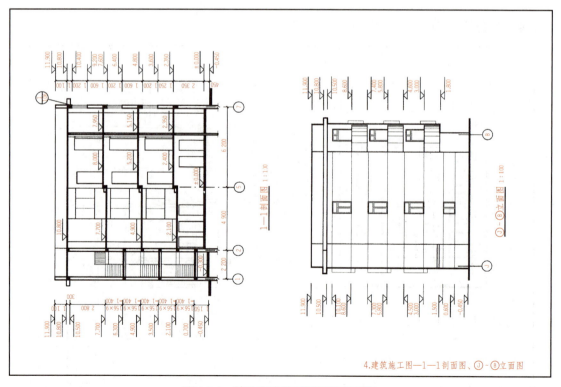

图 4.3.4　某住宅建筑剖面图及立面图

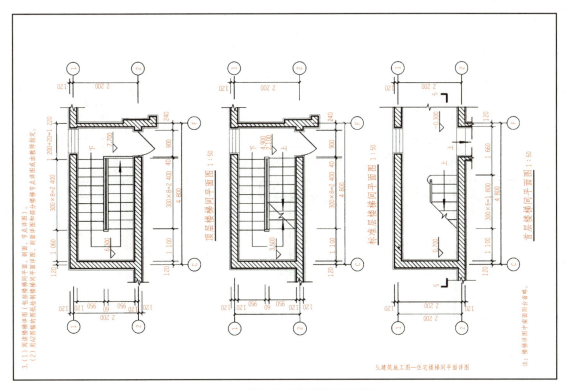

图 4.3.5　某住宅建筑楼梯间平面图

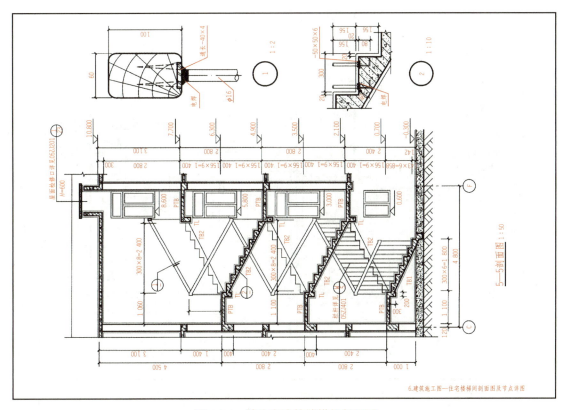

图 4.3.6　某住宅建筑楼梯间剖面图

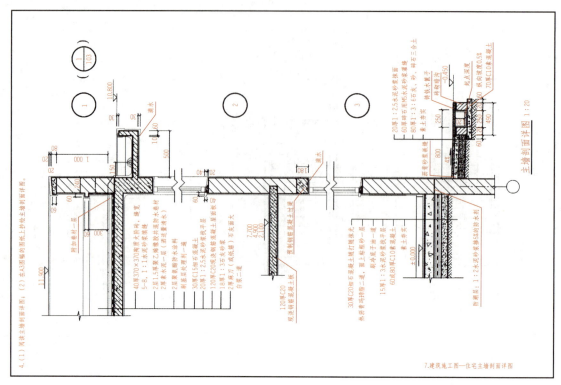

图 4.3.7　某住宅建筑主墙面图详图

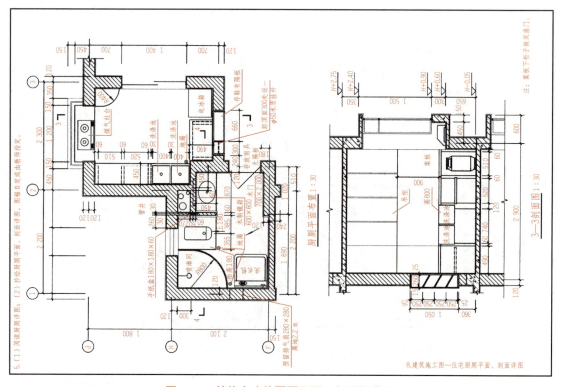

图 4.3.8　某住宅建筑厨厕平面、剖面图详图

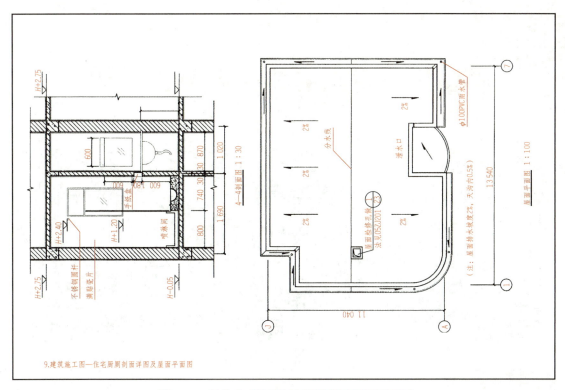

图 4.3.9 某住宅建筑厨厕剖图详图及屋面平面图

模块5　室内装饰工程制图实训

模块任务描述

本模块内容基于建筑室内设计专业和室内艺术设计专业的对应岗位工作任务，针对室内装饰设计施工图的识读和绘制进行学习，也是本教材的主体部分。首先，从制图标准和图示符号方面看是建筑工程制图的承接与延续，这个部分已经在前面的学习中打下了基础；同时，室内装饰施工图又具有自己独有的特点、标准和识读及制图方法，需要开展进一步的针对性学习和实训。

本模块教学案例均来自校企合作企业的一线生产实践案例，这些案例都是经过施工检验的落地项目，并基于岗位实际工作任务的具体需要，以实际项目为驱动进行基于工作过程的理念分析和任务分解，开展标准化、模块化、程式化的职业能力教学，并在教学中贯穿基本制图素养的培育和养成。

学习任务关系图

5.1 基础概念

应知理论：能理解室内装饰工程制图的内涵，室内装饰设计的定义、分类和室内装饰设计制图的内容。

应会技能：把握室内装饰设计制图的基本程序。

应修素养：进一步明确工作内容、熟悉工作流程、理解工作思路。

学习任务描述：

1. 把握室内装饰工程的基础概念和基本内容，为学习室内装饰工程制图的具体图示内容和画法步骤打好基础。

2. 与所学家具制图和建筑制图进行关联学习，形成知识和技能的完整系统。

3. 完成课后思考题和配套练习。

5.1.1 室内装饰工程的分类

现代室内设计是以建筑空间为基础，以使用功能为依据，承担着对建筑物及它的空间环境赋予生命和使用价值的责任。它是建筑单元之中，科学技术和人文理念集中的、具体的反映。它主导着建筑空间的二度创造。狭义的室内设计，是指人们对建筑室内空间的界面及构造进行装修装饰，完成对构造物的围护遮蔽和装潢，满足观感；广义的室内设计则是指人们通过科学的手段，运用现代的技术，融合感性的人文理念对工作和生活环境的创造过程，如图 5.1.1 所示。

图 5.1.1　某酒店大堂装修前与装修后

1. 按使用功能分类

按使用功能室内装饰工程可分为公共空间（工装）、居住空间（家装）、工业空间、农业空间等。

2. 按使用周期分

对建筑装修的使用周期，根据使用要求的不同有不同的使用周期，一定的周期后根据实际情况对装修结构和设备系统进行全面的检修与维护保养，对装修饰面进行翻新，对不适用的地方进行调整和改造，或进行全面的整改。

（1）短期使用的室内装饰设计工程：一般为一至二年。这一类多适用于短期的或临时性的商业建筑空间、办公场所、住所和展示活动空间。它追求潮流、时尚、实用。

（2）中期使用的室内装饰设计工程：一般为五至十年，这一类多为公共建筑，如酒店、餐厅、商场、办公楼、住宅等。

（3）长期使用的室内装饰设计工程：一般为投入使用后除进行必要的维护性的装修如粉刷、修理等工作外，基本不作大的变动。偶尔会进行一些使用上的调整和技术上的提高，也是局部的、有限制的进行。这一类常见于居所和特殊的公共建筑空间（如纪念性的建筑）等。

3. 按投资标准分类

假如把在一个地区或一个范围在某一个时间段的装修投资作一个经济分析，把装修的平均单位面积投资水平作为标准装修投资基数并定为"1"；那么，低于这个范围的称为"经济型的装修投资"；在这个范围段的称为"适用型的装修投资"；高于这个范围段的称为"综合型的装修投资"。在每个范围段，还可以根据需要划分若干个等级水平。

（1）经济型的室内装饰设计工程：以满足基本使用为目的，安居房、临时商业店铺、需二次装修的建筑空间等属于这一类型。

（2）适用型的室内装饰设计工程：满足使用功能要求，符合时代潮流，有一定的文化内涵。这一类是现在公共建筑和住宅装修投资水平较为普遍的一个群体。

（3）综合型的室内装饰设计工程：有长远的使用和投资目的，设计应具有前瞻性，符合技术进步的要求，有明显的性格特征，有深厚的文化内涵。这一类多为高级会所、私人别墅、高级公共活动场所等。

5.1.2 室内装饰工程制图的基本程序

1. 方案设计阶段

方案设计阶段包括建筑空间规划和概念设计，着重于功能布局和整个设计理念的构思。其包括对设计依据的分析、原始资料的收集整理、建筑空间功能区域的布局、交通流动路线的组织、设计文化的定位等。

在这个阶段主要的工作图和工作文件一般有原始建筑图、方案草图、平面布置图、彩色平面布置图（彩平图）、主要的几张透视效果图及设计说明、主要经济技术指标和设计估算造价等。根据需要，可以制作包含项目简介、设计理念、色彩计划、风格意向和家具软装示意及以上所述内容的提案演示文件（图5.1.2）。

图5.1.2　设计提案：软装意向与彩平图

这个阶段的主要任务是设计师向对象表述其对室内空间的整体构想和室内设计的基本思路、设计原则与风格定位，要表达设计方案的符合性、合理性和经济性。这个阶段是设计师取得甲方信任度的重要阶段，设计师要广泛地听取业主及各方的意见并择善调整和修改，只有当设计方案获得肯定了，设计才有可能进入到下一阶段的工作。

2. 施工图设计阶段

基本图设计阶段是在设计方案通过后对建筑室内空间的界面、装修构件、装修配套产品和相关专业进行基本设计。在这阶段要求把空间位置、尺寸、工艺、材料、技术要求等内容完整地、准确地、有条理地表述并形成设计文件，满足工程管理和工程施工的要求并作为相关专业的工作依据。

这个阶段的工作图一般有封面及索引系统（封面、目录、设计和施工说明、图例和符号表、门窗表等）、平面图部分、立面图部分、必要的节点大样详图部分，并根据此阶段的图纸制作大部分空间的透视效果图，将以上内容装订成册形成基本施工图方案图册，如图 5.1.3 所示。

图 5.1.3　施工图册装订

这阶段的主要任务是基于已经与甲方达成的共识、基于确定的设计理念和风格方向，在把握空间尺度和设计原理的基础上形成较为整体的设计施工图纸与方案，在具体的图纸中明确造型表达和界面细节、明确材料选用和色彩材质搭配、确定构造做法和工艺要求。同时，还要与相关专业配合，最大限度地满足各专业技术条件的要求（如消防、通风和其他机电设备等）。这个阶段是室内设计非常重要的一个阶段，设计者应该熟悉相关的技术标准，掌握和了解相关的施工技术、材料特性与施工工艺要求，按制图规范完成工作图的设计。

家装工程的图纸一般完成到此阶段即可，已经可以用于准确施工。较为高端的项目（如高档别墅）需要进行到下一个阶段。

3. 施工图深化阶段

由于室内设计是在特定的客观条件下进行的多系统综合作业的过程，在工作过程受到现场情况、专业协调、物资供应、技术差异等因素的影响，不可避免地存在一定的局部的、隐性的、不可预见的问题；同时，很多大型工装项目还需要更为丰富、细致和深入的综合布置图、节点图、详图等，这就需要进行深化调整，这就是图纸深化设计。一般在高端家装项目（如高档别墅）和工装项目的图纸要进行到此阶段。

这个阶段的主要任务是：完善图纸细节，对出现的问题予以解决，形成最终的用于指导施工图的完整图纸。此阶段图纸细节最为丰富、内容最为准确、技术和协同性要求最高（各项目责任人均要在图纸留有签名），是正式开工前的图纸定稿。

这个阶段提交的工作文件一般有：完整的深化图纸（根据需要进行晒图）、修订记录、深化相关说明、相关产品和设备配套方案等。另外，根据相关要求和实际需要，工装项目图纸还可能需要经过图审和备案后方可动工（图 5.1.4）。因此，在这个阶段要注意深化图纸是否符合制图要求、工艺规范和相关规定（如消防规定等），经过图审后是否有效地解决了图审提出的问题、对工程成本和预算是否产生了影响等。

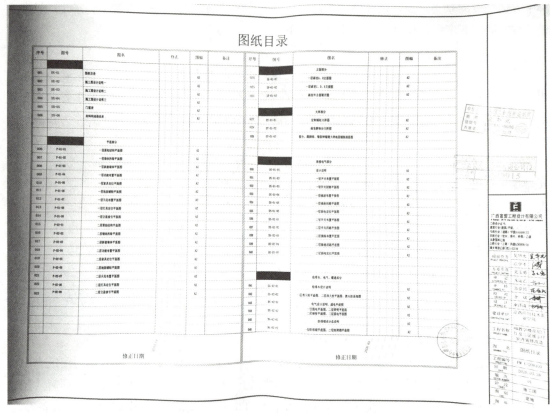

图 5.1.4　某套经过了图审盖章的图纸（每一页都要盖章）

5.1.3　室内装饰工程制图的基本内容

如前所述，室内设计项目的建筑功能、规模大小、繁简程度各有不同，但其成图的基本内容有一定的规范。成套的施工图主要包含以下内容：

（1）封面：包括项目名称、业主名称、设计单位、成图依据等。

（2）目录：包括项目名称、序号、图号、图名、图幅、图号说明、图纸内部修订日期、备注等，可以列表形式表示。

微课：室内装饰施工图概述

（3）文字说明：包括项目名称、项目概况、设计规范、设计依据、常规做法说明，关于防火、环保等方面的专篇说明。

（4）图表：包括图例符号表、材料表、门窗表（含五金件）、洁具表、家具表、灯具表等，以上内容根据实际情况配置。

（5）平面图部分：包括原始建筑平面图（基建图）、拆建墙平面图（隔墙平面图）、平面布置图、地面铺装图、索引图、天花布置图、天花尺寸图、灯具定位图、机电插座布置图、开关连线图、艺术品陈设平面图等内容。以上可根据不同项目要求和相关规定有所增减。

（6）立面图部分：包括装修立面图、家具立面图、机电立面图等。
（7）节点大样详图：包括构造详图、图样大样等。
（8）配套专业图纸：包括风、水、电等相关专业配套图纸。

【注】 以上是室内装饰工程施工图的基本内容，不同项目根据实际情况可以在图纸内容上有所变动。例如在全案设计项目中，可能还需要绘制艺术品布置图等。

微课：室内装饰施工图内容

思考与总结

1. 室内装饰工程可以如何分类，分别有哪些类型？各自的内容和特点是什么？
2. 室内装饰工程制图的基本流程是什么？有哪些值得注意的地方？
3. 室内装饰工程制图的基本内容有哪些？

课后练习

使用 AutoCAD 软件，根据尺寸临摹绘制 5.3 节的室内装饰制图实训案例。

评价反馈

1. 学生自我评价及小组评价

（1）是否理解室内装饰工程与建筑工程的关系？□是 □否
（2）是否理解室内装饰工程的分类和各自的内容与特点？□是 □否
（3）是否明确室内装饰工程制图的基本程序和内容？□是 □否

参评人员（签名）：_____

2. 教师评价

教师具体评价：

评价教师（签名）：_____   年　月　日

知识面拓展

参观考察一家室内装饰公司，了解其日常工作情况和工作内容，在公司允许的情况下收集其一到两个实际室内装饰项目案例，分析项目图纸运用了哪些制图标准，分别有哪些图示内容，图纸中有没有看不懂的地方并现场进行询问和了解。

5.2 室内装饰施工图内容

应知理论：理解和掌握封面及说明部分、平面图部分、立面图部分、节点大样详图部分的内涵、意义、基本内容和识读方法。

应会技能：掌握封面及说明部分、平面图部分、立面图部分、节点大样详图部分的画法步骤和绘制技巧。

应修素养：做一个生活中的有心人，主动观察，不断积累，终身学习。

学习任务描述：

1. 掌握室内装饰施工图的分类、内容和画法步骤。
2. 能够准确临摹绘制室内装饰施工图教学案例。
3. 完成课后思考题和配套练习。

为了更加准确、完整地呈现室内装饰工程制图的基本内容，下面的讲授部分将引入一个实际落地完工的家装项目，该项目从设计到施工都是基于深度校企合作由教材编者与企业协同完成，在保证图纸内容准确性、规范化的同时又经过施工检验和业主肯定，对开展基于真实岗位工作的职业化教学有很好的帮助。本案例全部资料（包括完整施工图、效果图和施工完整流程照片）可扫码下载，方便师生学习使用，也可以通过施工过程很好地与其他课程进行衔接。

"海亮天城"家装项目全部资料集
（提取码：rkem）

可对照后述图 5.2.21 来了解项目户型的基本情况：本项目为住宅建筑（即家装），产证面积 97 m²，除掉公摊面积后实际使用面积 75 m² 左右，坐北朝南，户型方正，地段位于市中心，交通便利，配套设施好；缺点是南北通透性稍差，三房面积紧凑，只有一个卫生间。业主为新婚夫妇，准备要小孩，是三口之家，因此，本户型在面积和房间数量上是够用的：一间主卧、一间小孩房（次卧），还可以留一间房（北卧）用于父母过来住或客用。

经过深度沟通，明确了业主所希望的设计思路和要点：

（1）将户型分为动静两个大区域。动区（玄关、厨房、餐厅、客厅）设计为民国风格，通过壁炉、竹木纤维墙板、仿古砖和厚重的色彩搭配营造比较复古文艺的风格；静区（房间、过道、卫生间）设计为现代简约风格，主色调为白色；两个区域用铁艺玻璃门分隔（过道位置）。

（2）业主养狗，因此过道位置装门也可以起到挡住宠物进入卧室区域的作用。

（3）吊顶尽量简单。客厅、主卧室和房间内的飘窗位置做简单吊顶，其余位置不吊顶。

（4）注重收纳功能，三个房间都要设计比较完善的定制组合家具；主卧室用成品 1.8 m 双人床，其余两个卧室均定制榻榻米。飘窗打掉做相应的收纳改造。

（5）由于卫生间只有一个，且面积较小，因此将后阳台取消，与公卫合并成为一个较大的卫生间，并通过玻璃推拉门做干湿分离。卫生间设计为酒店风格，镜子留线装带灯的镜子；洗脸台用灰色大理石装台下盆；下方做悬浮式置物柜。

（6）做好回水管道，保证热水随开

图 5.2.1　本案例设计效果图

随用。

效果图如图 5.2.1 所示。

5.2.1 封面、说明及图表部分

施工图中的封面、说明和图表部分也称为索引（INDEX）系统。其包括封面、图纸目录、项目情况与设计说明、构造施工说明、图例符号表、材料表（含防火等级）、门窗表等内容，编排于施工图纸主体内容之前。

1. 封面

封面排版一定要简洁、明了、直观。最好直接在 CAD 中制作。特殊情况下可以使用其他软件制作彩色封面。封面内容包括公司名称和 LOGO、项目名称、项目地址、图册名称、图纸版本、出图日期等，如图 5.2.2 所示。

图 5.2.2 封面

2. 图纸目录

图纸目录是整套图纸的索引，是图纸内容的提炼和浓缩。通过图纸目录可以提纲挈领地了解全套图纸的内容、把握图纸编排逻辑、明确图纸数量和图册体量，可以从整体上把握整套图纸的结构布局和体系关系。

图纸目录包含目录标题、图纸序号、图纸编号、图纸名称、出图日期、修订日期和备注等内容，如图 5.2.3 所示。

3. 设计说明

图纸设计说明可以准确反映项目概况、设计理念和基本说明、设计规范和参照标准等，是方案设计的基础和依据。其中，项目概况包含工程名称、项目地址、建设单位、设计单位、设

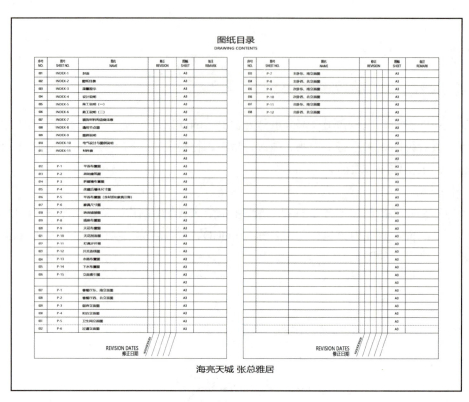

图 5.2.3 图纸目录

计范围、建筑平面图等；设计依据包含基础资料、合同信息、国家标准与规范、消防要求等，如图 5.2.4 所示。

图 5.2.4 施工图设计说明

4. 施工说明

准确表达施工要点、材料选择、工艺标准。根据实际情况可以描述简洁一点也可以详细一点，如图 5.2.5、图 5.2.6 所示。

图 5.2.5 施工说明（一）

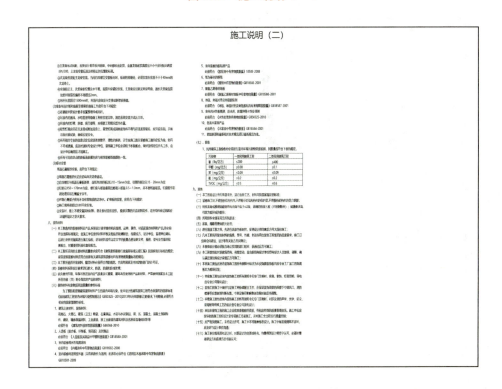

图 5.2.6　施工说明（二）

另外，还可以进一步附加装饰材料构造做法表（图 5.2.7）和通用节点图（图 5.2.8）。

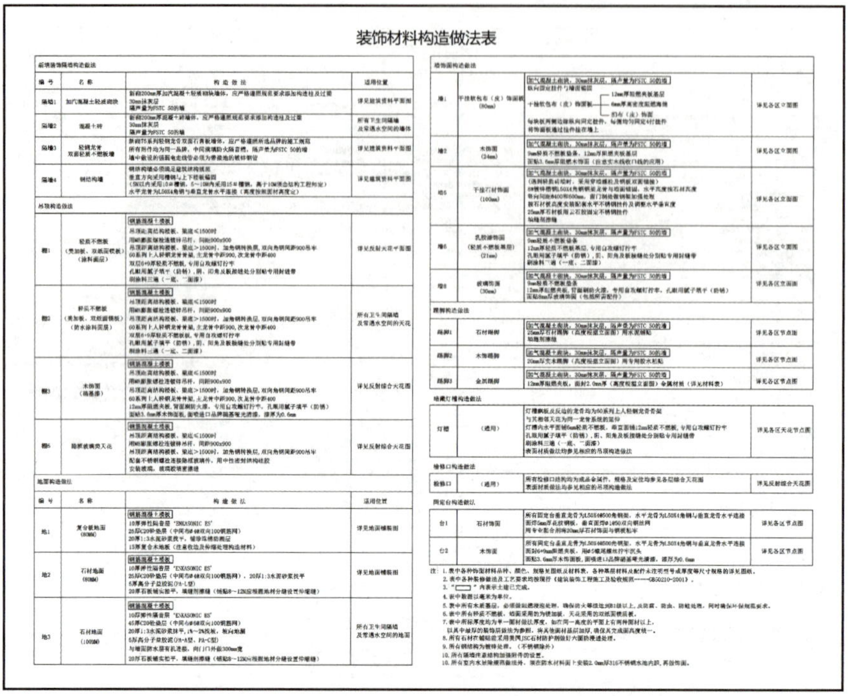

图 5.2.7　装饰材料构造做法表

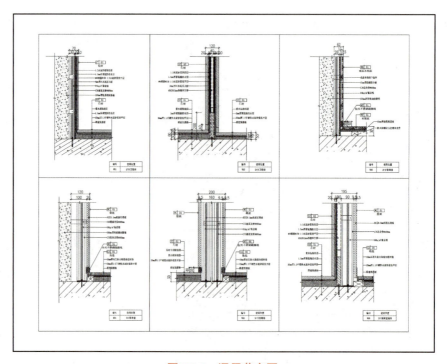

图 5.2.8　通用节点图

5. 图例说明

对图纸中出现的标准图例和符号进行准确绘制与说明，一方面介绍图例符号的意义和用法；同时标准绘制的符号图例也可以在后面的制图中直接调用。具体包括图纸编号说明、图名规则说明，以及立面索引符号、节点/大样/详图索引符号、标高符号、引出线和文字注释、其他符号（折断线、箭头、中心线符号、等分符号、窗帘符号）等，另外，还有常用材料图例，如图 5.2.9 所示。

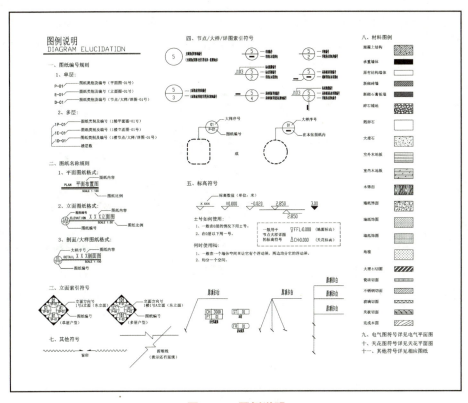

图 5.2.9　图例说明

（1）图纸编号规则供参考（图 5.2.10）

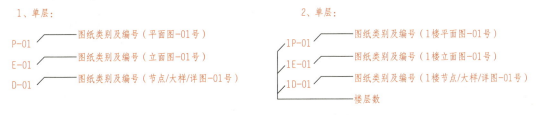

图 5.2.10　图纸编号规则（供参考）

（a）单层；（b）多层

（2）图名规则供参考（图 5.2.11）。A3 幅面中图纸内容字体为宋体，0.7 宽度比（拉长效果），4 号字。其余字号根据需要选择搭配。

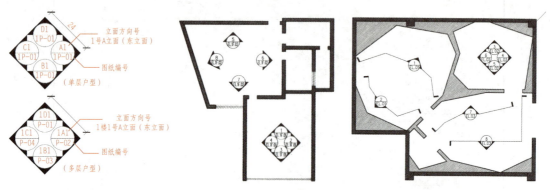

图 5.2.11 图名规则（供参考）

（a）平面图纸格式；（b）立面图纸格式；（c）剖面/大样图纸格式

（3）立面索引规则供参考（图 5.2.12）。建议固定用 A、B、C、D 来代表东、南、西、北，不同的房间则在字母后加上数字进行区分。如客厅东立面图为 A1，主卧室东立面图则为 A2，以此推类。如果是多层楼，则在字母前加上楼层。

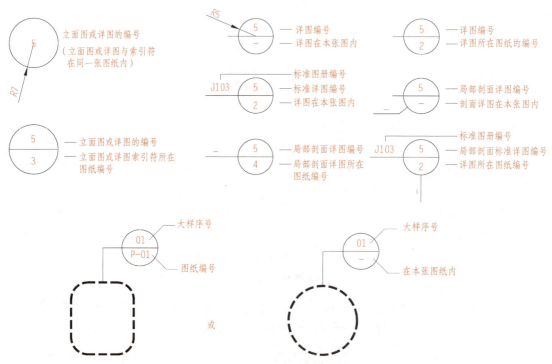

图 5.2.12 立面图命名规则（供参考）和索引示意（规则空间与不规则空间）

（4）节点/大样/详图索引符号（图 5.2.13）。

图 5.2.13 节点/大样/详图索引符号

(5) 标高符号 (图5.2.14)。

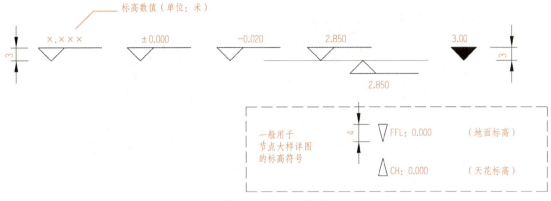

图 5.2.14 标高符号

±号如何使用：①一般在0层的情况下用±号v；②在0层以下用−号。
何时使用EQ：①一般在一个墙体空间里让其有个浮动差，两边均分其浮动差；②均分一个空间。

(6) 文字注释 (图5.2.15)。

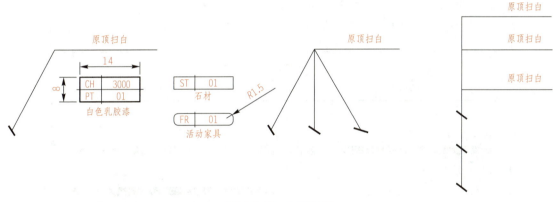

图 5.2.15 文字注释

6. 电气设计说明与图例

准确表达电气设计的相关依据、做法和具体情况，并对电器符号进行图例说明，如开关、插座、灯具、水路管线等，图中还包括消防设备的相关图例，如图5.2.16所示。这些图例符号将运用在天花图、开关/插座布置图、水路布置图中。

【注】 图例说明的内容请与1.1节对照学习。1.1节的内容是房屋建筑制图的统一标准和常用符号，本节内容是在此基础上针对室内装饰工程制图运用的符号和图例。请大家对比异同，熟悉各自的用法。

7. 材料表

通过表格列出本装饰项目会用到的材料编号、材料名称、防火等级、使用位置和备注等信息，这样可以很方便地进行集中查阅，如图5.2.17所示。

图 5.2.16　电气设计说明与图例

材料表

材料编号 NO.	材料名称 DESCRIPTION	防火等级 FIRE RATING	位置 POSITION	品类代码 CATEJORY	备注 REMARK
ST-01	意大利灰大理石	A	玄关、二楼起居室、一楼客厅		A
ST-02	金蜘蛛大理石波打线	A	玄关、二楼起居室、一楼客厅		A
ST-03	云多拉灰大理石	A	一楼客厅		B
ST-04	条纹石纹大理石	A	二楼起居室墙面		B
ST-05	鱼肚白大理石	A	厨房地面石材		B
ST-06	大花白大理石	A	厨房墙面石材		B
ST-07	紫罗特金石材	A	卫生间地面石材		B
ST-08	葡萄紫大理石	A	卫生间墙面石材		B
ST-09	成品防滑拉槽石材	A	卫生间淋浴区地面		S
ST-10	门槛石	A	全房		A
ST-11	窗台石	A	全房		A
WF-01	柚木地板	B_2	二楼次卧室、二楼主卧室	供应商对应材料编号	
WF-02	实木地板	B_2	三楼女儿房、三楼卧室	供应商对应材料编号	
FA-01	米色硬包	B_2	玄关	供应商对应材料编号	
FA-02	浅灰色硬包	B_2	二楼起居室	供应商对应材料编号	
FA-03	布艺硬包	B_2	二楼主卧室、二楼次卧室	供应商对应材料编号	
FA-04	粉色硬包	B_2	三楼女儿房	供应商对应材料编号	
FA-05	浅黄色硬包	B_2	三楼卧室	供应商对应材料编号	
MT-01	古铜拉丝不锈钢	A_1	玄关、一楼客厅、二楼起居室	供应商对应材料编号	拉丝
WD-01	胡桃木饰面	B_2	一楼客厅、二楼起居室、	供应商对应材料编号	
WD-02	胡桃木饰面	B_2	二楼次卧室、二楼主卧室	供应商对应材料编号	
WD-03	胡桃木饰面	B_2	三楼女儿房、三楼卧室	供应商对应材料编号	
WD-04	胡桃木饰面踢脚线	B_2	全房	供应商对应材料编号	
WC-01	米色壁纸	B_2	一楼客厅、二楼起居室、	供应商对应材料编号	
WC-02	白色壁纸	B_2	二楼次卧室、二楼主卧室	供应商对应材料编号	
WC-03	银白色壁纸	B_2	三楼女儿房、三楼卧室	供应商对应材料编号	
GL-01	灰镜	A	玄关		
GL-02	银镜	A	卫生间		

材料编号 NO.	材料名称 DESCRIPTION	防火等级 FIRE RATING	位置 POSITION	品类代码 CATEJORY	备注 REMARK
DR-01	成品定制木门	B_2	全房	供应商对应材料编号	
DR-02	成品定制衣柜门	B_2	全房	供应商对应材料编号	
DR-03	成品定制木门	B_2	全房	供应商对应材料编号	
DR-04	成品定制移门	B_2	全房	供应商对应材料编号	
PT-01	水性无机涂料（白色）	A	全房	供应商对应材料编号	
PT-02	水性无机涂料（灰色）	A	全房卫生间	供应商对应材料编号	

备注：石材处理工艺代码说明：A-深色 B-浅色 C-斧剁面 D-5X5凹槽 F-荔枝面 H-哑光面 L-蜂窝铝板复合石材 S-防滑面　　玻璃处理工艺代码说明：P-镜面 W-发丝 E-蚀刻

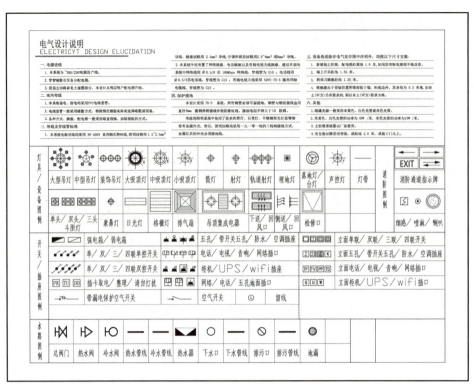

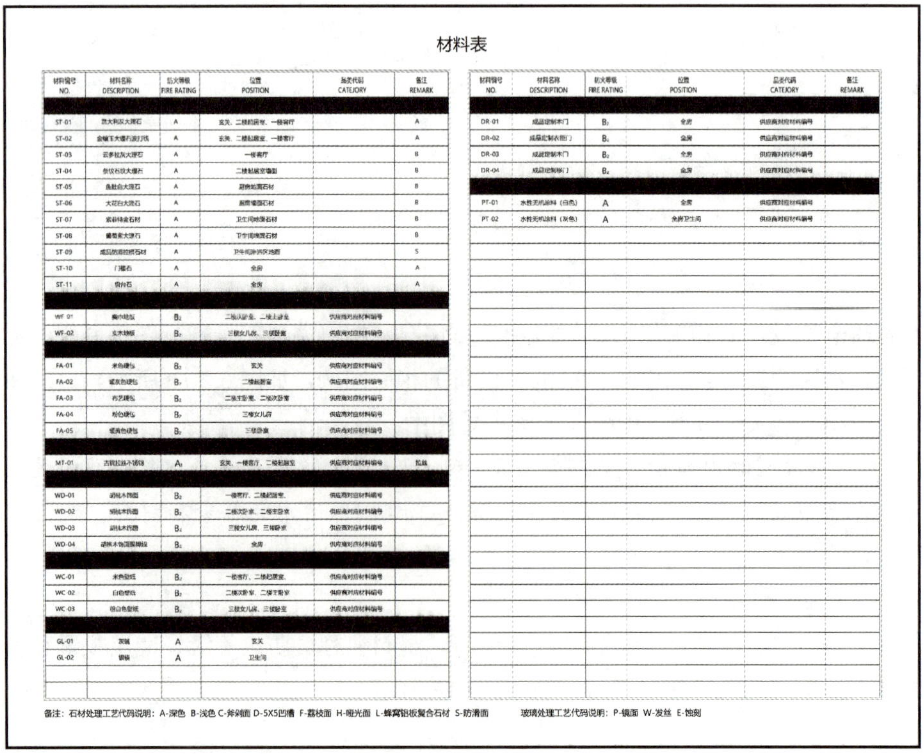

图 5.2.17　材料表

常用的材料和软装都有相应的代号,在材料表和平面布置图的文字注释中都要用到。大部分的材料和软装的对应代号如图 5.2.18 所示。

材料代号		
ST 石材	PT 涂料	WP 壁纸
CT 瓷砖	MT 金属	FA 布艺/皮革
WF 木地板	GL 玻璃	MC 金属复合板
WD 木饰面	MR 镜子	LP 防火板
CP 地毯	MSC 马赛克	PB 石膏板/矿棉板
PL 塑料	SF 特殊材料	WR 防水卷材
CF 地板胶	OS 其他类	

软装代号		
FR 活动家具	DL 灯具
AR 艺术品	HW 五金
BDG 床上用品	KIT 厨房设备
CA 地毯	PLT 植物
CU 窗帘	SSP 开关/插座
SW 陶瓷洁具	

图 5.2.18　材料和软装代号

以上就是索引(INDEX)系统的组成,包含封面、说明和图表等内容,列举的案例属于比较详细的类型,工装项目也适用。一般的家装项目可以在以上内容的基础上根据实际需要进行精炼。

5.2.2　平面图部分

与建筑制图中建筑平面图的原理相同,是使用略高于窗台的假想平面对建筑进行水平剖切后所做的正投影图,在这个高度,可以剖到建筑物的许多主要构件,如门、窗、墙、柱或较高的橱柜或冷(暖)气设备等。与建筑制图不同的地方在于,室内装饰工程制图用于表达装饰工程的不同信息,既有地面部分的装饰,也有天花部分的装饰,因此,也需要绘制相应的天花部分的平面图,以及在地面和天花图中表达水电施工的相关信息。

在室内设计工程制图中,平面图是不可缺少的关键部分,是前期设计工作中的重要核心,并直接影响到整个设计方案的进行和完善。无论是建筑设计还是室内设计,一般都是从建筑平面设计或平面布置的分析入手。

平面图主要表达空间的平面形状和内部分隔尺度,重点在于对室内空间的规划,以及对各功能区域的安排、流动路线的组织、通道和间隔的设计、门窗的位置、固定和活动家具、装饰陈设品的布置天花灯位、设备安装等的清晰反映。在室内设计工程制图中,平面图主要包括地面平面图、天花平面图和水电平面图。

1. 地面平面图部分

地面平面图部分包含原始建筑图、拆建墙布置图、改建后墙体尺寸图、平面布置图、家具尺寸图、地面铺装图等。

(1)平面布置图。理论上第一张图应该是原始建筑图。但是现在家装公司通常的做法是将平面布置图放在图册的第一张,方便施工方随时查看设计方案的基本效果。这张平面布置图要清晰表现改造后的墙体情况、空间结构、门窗信息、家具布置(包括活动和固定家具)和地面铺装情况,除此之外,尽量不要有太多的标注和文字(这些内容放到后面,再做一张带详细材料和软装注释的平面布置图),清晰、简洁、准确地呈现设计方案的完整样貌,如图 5.2.19 所示。

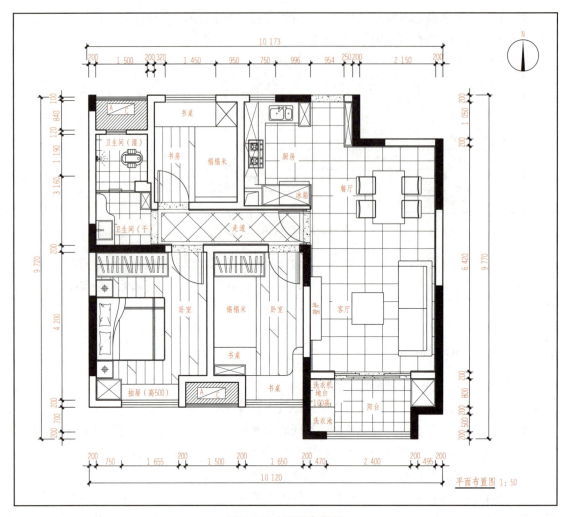

图 5.2.19　平面布置图

（2）原始建筑图。原始建筑平面图简称原始建筑图，也称基建图，即甲方提供的原土建平面图。顾名思义，是经过现场勘测核对后的精确反映现有建筑空间结构的图示，是建筑工程的终点，也是室内装饰工程的起点。设计师一般通过量房和放图来得到原始建筑图（图 5.2.20），也可以通过业主、物业、开发商或网络来获得，但是仍然需要去现场测量核对。量房和放图是重要的岗位技能，一定要多加练习。

微课：原始建筑图、拆迁墙布置图

图示内容包括原始的墙体（填充黑色的为承重墙体，空心的为非承重墙体）、门窗、烟道、管道井的情况；进行尺寸标注、文字注释和必要的地面标高（图中厨、卫和阳台地面有下沉用于防水溢出）、坡度（阳台处标注了坡度）等标注；另外，还可以标注出梁的位置（虚线表示）和尺寸、标注窗台高和窗高及下水和煤气的位置，如图 5.2.21 所示。

图 5.2.20　量房与放图

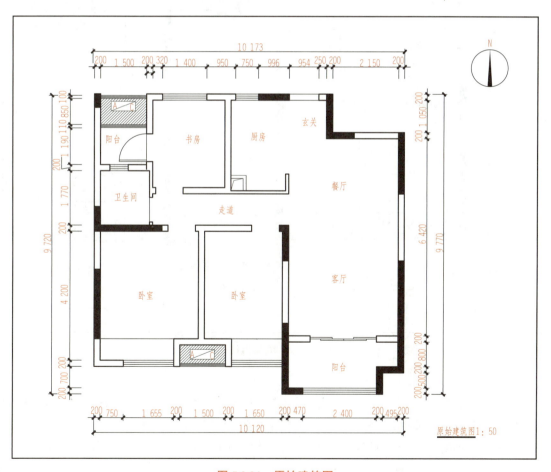

图 5.2.21　原始建筑图

（3）拆建墙布置图。室内装饰工程通常少不了空间改造和墙体拆墙。在施工顺序上，要先做好墙体拆建才能进行下面的工作，因此，原始建筑图之后就要绘制墙体拆建图。

图示内容包括现有墙体、拆除和新建墙体的位置（用填充图案区分）与尺寸、必要的文字说明和相关注释等。施工方可以通过图纸来精准把控墙体改造的位置和尺度，也可以直接根据图纸尺寸来计算工程量。如果拆除和新建的内容比较复杂，图示内容较多，也可以分成"拆除墙体图"和"新建墙体图"两张。另外，要做好图例来明确拆除和新建的填充图案。

如图 5.2.22 所示，本案例中拆除了卫生间和后阳台的隔墙、厨房的部分墙体和卧室内的飘窗。飘窗的拆除要根据户型情况来定，例如，有的户型飘窗位置是对外的空调机位，这种情况就不能拆除，在设计阶段就一定要明确。

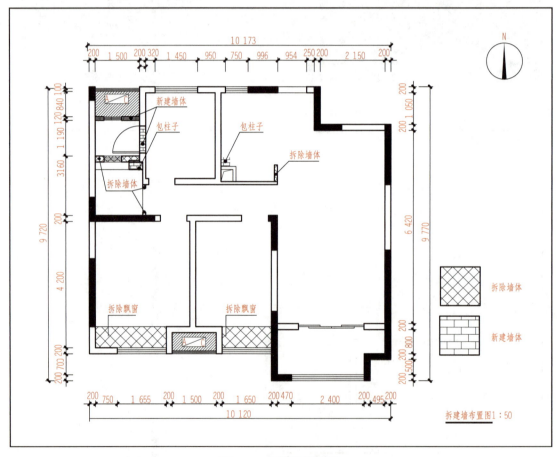

图 5.2.22　墙体拆建图

（4）改建后墙体尺寸图。改建后墙体尺寸图也称间墙布置图。详细标注墙体改建完成后的现有空间结构和墙体尺寸，让施工方可以对照检查空间改造后的现有墙体情况。此时，已经拆除的墙体不能再出现，已经新建好的墙体与原有墙体一样呈现，如图 5.2.23 所示。

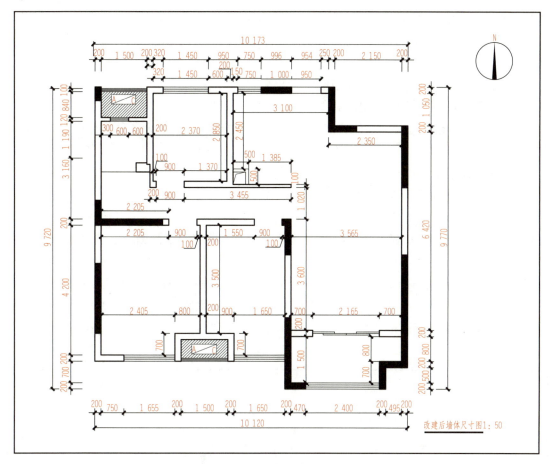

图 5.2.23 改建后墙体尺寸图

(5) 平面布置图（含材料、构造和家具软装的详细注释）。平面布置图是对图册第一张图的更详细注释，注释内容为材料、家具及软装的代号、编号和名称等，是根据室内设计原理中的使用功能、精神功能、人体工程学以及用户的要求等，对室内空间进行布置的图样。由于空间的划分、功能的分区是否合理会直接影响到使用的效果和精神的感受，因此，在室内装修设计中平面布置图通常是设计过程中的首要内容，是方案设计中的最重要、最核心的部分，是呈现整个设计方案内容和形式、传达设计理念的基本载体。

微课：平面布置图

本图在方案设计阶段就要出图，否则无法与客户进行深入沟通，也无法进行初步预算。在施工图阶段要进一步完善、深化并最终定稿。具体内容包括以下几项：

1）（经过拆、建后的）建筑主体结构，如墙、柱、门、窗、高差、踏步等；

2）设计方案中的功能构件、固定家具、装饰小品，如壁橱、装饰隔断、电视背景墙、卧室背景墙、阳台的花坛、绿化、厨卫的低柜、吊柜、操作台、洗手台、洗衣池、拖把池、浴缸、蹲位、坐便器等的形状和定位；

3）各功能空间（如客厅、餐厅、卧室等）的家具，如沙发、茶几、餐桌椅、酒柜、地柜、

· 203 ·

衣柜、梳妆台、床头柜、书柜、书桌椅、床、装饰地毯等的形状和定位；

4）各种家电，如电视、空调、冰箱、冰柜、烤箱、洗衣机、电风扇、落地灯等的形状和定位；

5）各功能空间地面铺装材料和定位（或图例）；

6）建筑主体结构的开间、进深和主要装饰构造等的尺寸标注；

7）对需要的地方进行文字注释和说明，如房名、面积、周长、各种装饰构造的简单注释等；

8）在图示周围，对方案所用材料代号、编号、名称和规格；活动家具与固定家具信息；洁具；软装情况等进行详细的注释。要注意排列整齐。

如图 5.2.24 所示，本案例中在玄关两侧做了玄关柜和鞋柜；厨房做开放式厨房（要与当地煤气公司确认是否可以做开放式厨房）；餐厅和客厅不做另外的隔断，地面做仿古砖通铺；由于玄关处的鞋柜空间较小，因此在阳台处的储物柜也兼具鞋柜的功能，另外，阳台做好洗衣机地台和洗衣池（石材店定制）；客厅进卧室的过道设置一个铁艺玻璃门用于挡住家养宠物不能进入房间区域；过道地面做波打线和瓷砖斜铺；次卧和北卧做定制榻榻米和组合家具；主卧室飘窗做定制地柜和组合衣柜，定制 1.8 m 宽双人床；卫生间与后阳台合并，做干湿分离。

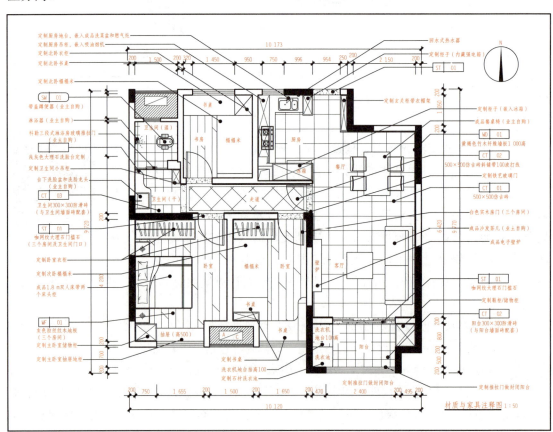

图 5.2.24　材质和软装注释图

（6）家具尺寸图。家具尺寸图也称家具定位图。在平面布置图的基础上去掉地面铺装填充和周围的文字注释，保留所有家具，对家具尺寸和定位进行详细的尺寸标注，一方面为定制固定家具提供尺寸定位；另一方面为业主购买成品家具提供尺寸依据，如图5.2.25所示。

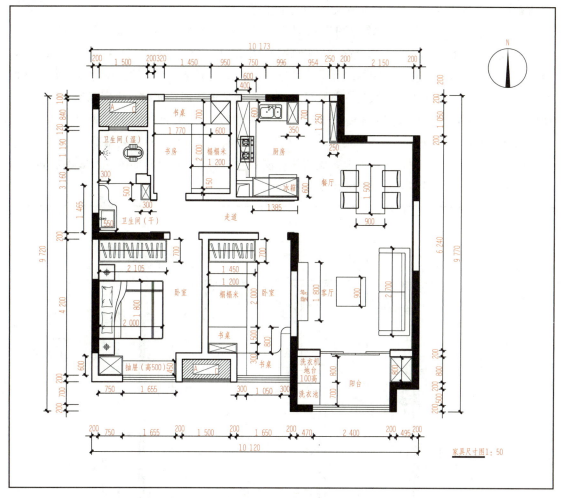

图 5.2.25　家具尺寸图

（7）地面铺装图。在平面布置图中已经包含了地面铺装填充，但是只起到示意的作用，很多地方被家具挡住，不能全面呈现地面材料的情况。因此，专门绘制地面铺装图，也称地面材料图，去掉所有被挡住的家具和构造，全面、完整、准确表达地面铺装材料的位置、范围，并标注材料名称、规格和铺贴面积。根据本张图，可以进行地面铺贴材料用量的准确计算。

微课：地面铺装图

需要特别注意的是，不能一味地去掉所有家具，因为有的位置家具下面并没有地面铺贴材料，如图5.2.26所示，本案例中客厅、餐厅和厨房做了仿古砖通铺，因此去掉了所有的餐厅和客厅家具；厨房地柜下面也铺贴了仿古砖，因此厨房的地柜也去掉了；过道位置的波打线和瓷砖斜铺也精准呈现了；三个房间都是铺贴木地板，但是衣柜、榻榻米和书桌柜下方没有铺贴木地板（由此可知，从施工顺序上，是先放置安装好房间的定制家具，再铺贴木地板），因此，这些家具在地面铺装图中就没有去掉。归纳就是：要精准表现地面材料的铺贴情况，不要少画、也不要多画。图示周围保留对地面铺装材料代号、编号、名称和规格的注释，加上准确的铺贴面积。去掉其他与地面铺贴材料无关的文字注释。

另外，要注意，方块瓷砖的图案要按尺寸填充，例如，500×500的瓷砖就一定要500×500一格，具体画法是在填充命令（H）后弹出的对话框中，选择"用户定义"，勾选"双向"，在"间距"一栏输入瓷砖的尺寸即可，这样可以精准填充正方形的铺贴材料。如果是长方形的瓷砖则需要手工绘制。最后，都要注意瓷砖起铺位置（即填充时"设置新原点"），避免出现房间四周都要裁切瓷砖的不专业表达。瓷砖斜铺就将填充角度改为45°即可。

如果是木地板可以选择"其他预定义"中的"DOLMIT"图案，不需要精确尺寸，比例合适即可。但是要注意铺贴方向，一定要顺着门和窗的方向铺贴（仔细对照图5.2.26中房间木地板的铺贴），因此，要将填充图案的角度改为90°。

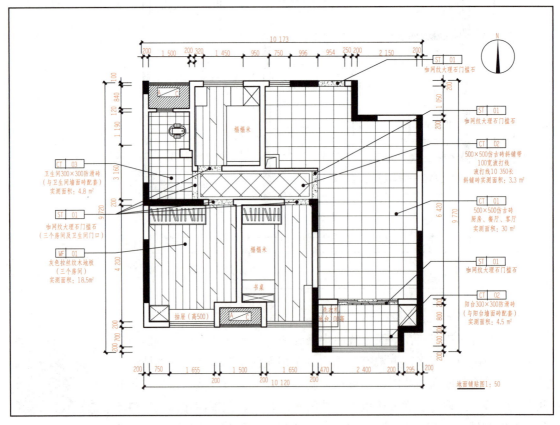

图 5.2.26　地面铺装图

（8）立面索引图。对立面图进行图号和图纸号的索引，方便进行对照查阅。一般在地面平面图中表达，去掉所有不必要的注释信息，并且将所有家具和地面铺装做成灰色，然后加上立面索引符号，如图5.2.27所示。本图放置在天花平面图和水电平面图之后，在平面图部分的最后一张。请对照立面图部分对此图进行详细阅读。

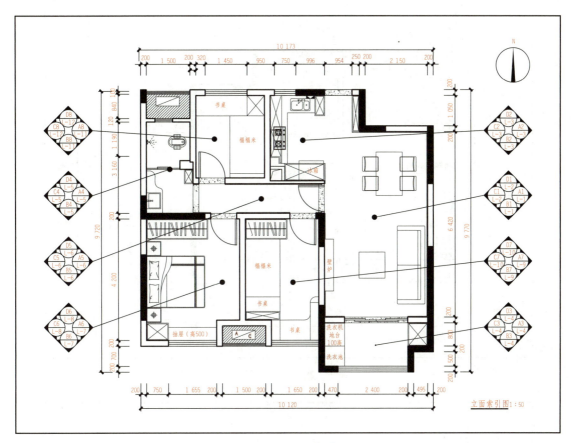

图 5.2.27 立面索引图

2. 天花平面图部分

天花也称顶棚。建筑水平剖切之后，从上往下正投影是地面平面图，从下往上正投影即天花平面图，表达天花部位的装饰做法。

（1）天花布置图。天花布置图用于表示天花造型做法、起伏高差、材质材料及定位尺寸等，是天花部位装饰施工的主要依据；其中尺寸标注主要针对天花构造来进行。如图 5.2.28 所示，本案例是家装项目，天花布置图中主要就是以上的内容。

微课：天花平面图

但如果是工装项目，则要复杂得多。因为工装项目的天花部位往往有大量的管道和机电设备，如消防、通风、空调、线路桥架等，因此，处理天花布置图表达天花构造做法之外，还要绘制"综合天花图"，详细表达天花除装饰构造外的所有设备的定位、规格和尺寸情况。如图 5.2.29 所示是一个酒店套房的综合天花点位尺寸图，图中包含的信息就更多更复杂，而且需要各个部门、工种的协同合作（如消防定位、空调的定位、通风和排烟管道的走线等），才能准确定稿。

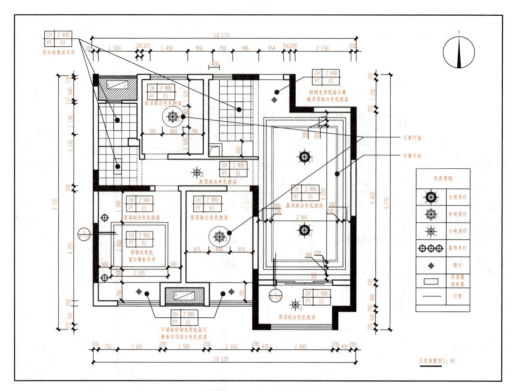

图 5.2.28　天花布置图

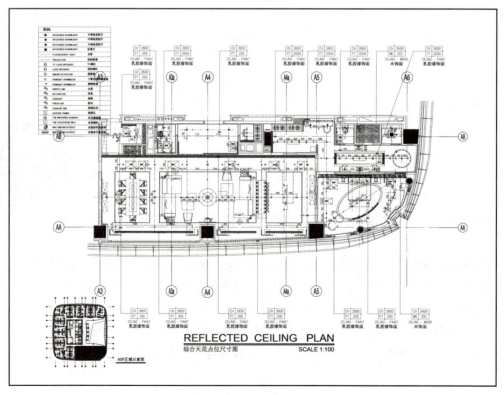

图 5.2.29　某酒店套房综合天花点位图

（2）灯具定位图。灯具定位图的图示内容与天花布置图一致，区别在于尺寸标注。前一张的天花布置图针对天花构造进行标注，本张图针对灯具间距进行标注，用于对灯具的布线和安装提供精准定位。两张图都要提供灯具的准确图例。常用的灯具有吊灯、吸顶灯、筒灯、斗胆灯、象鼻灯、暗藏灯带、壁灯和吊顶集成灯具等（图5.2.30）。

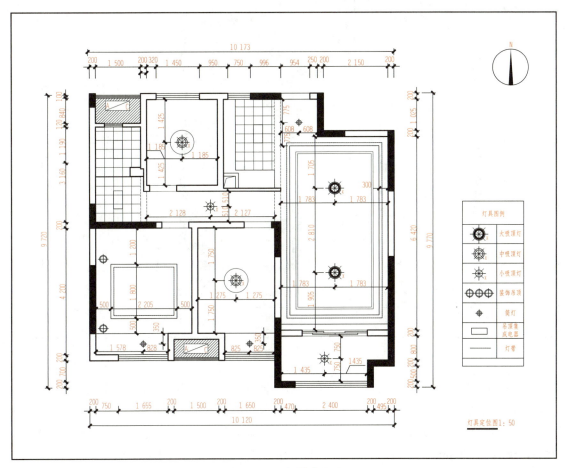

图 5.2.30　灯具定位图

3. 水电平面图部分

针对开关、插座、水路布置情况进行图示，是水电施工的主要依据，要与其他图进行配合查看，这里作集中解读。

（1）插座布置图。在地面平面图中表示（因为插座一般距离地面更近）。图中去掉所有不必要的文字注释和标注，将所有的家具改成灰色线，然后根据实际位置放置插座符号，并标注距离地面高度。插座的类型有普通五孔插座、一开五孔插座、防水插座、电话线和网线插座、地插等，都要通过图例来准确说明，如图5.2.31所示。

微课：水电布置图

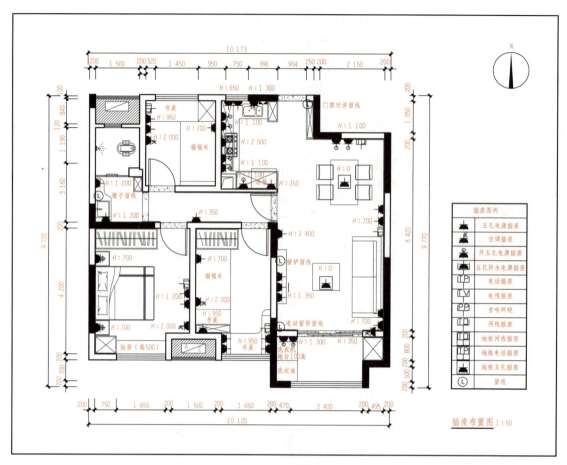

图 5.2.31 插座布置图

1）普通离地插座一般为 350 mm 左右（高于地脚线，但是不要太高），用于落地扇、落地灯、吸尘器等；

2）桌面插座一般离桌面高 150～200 mm，如桌面高 750 mm，则桌面插座离地 900 mm 左右，床头柜 550 mm 则上方的插座离地 700 mm 左右；厨房由于有水，插座要离台面高一些，台面一般为 800 mm，则厨房台面插座一般离地 1 100 mm；

3）卫生间插座要使用带防水盖的插座，离地 1 200 mm 左右；

4）电视、洗衣机和厨房部分插座，为了不用经常插拔电器插头，可以使用一开五孔插座更加方便；

5）空调插座一般离地 2 000 mm 左右；抽油烟机插座位于厨房吊顶内部（2 500 mm 左右）；净水器、粉碎机和集成灶插座位于橱柜内部（650 mm 左右）。

（2）开关连线图。在天花平面图中表示。在保留天花构造和灯具符号的情况下，去掉不必要的注释和标注，依据实际放置开关符号，并与灯具进行连线（弧线表示即可），用以表达开关布置情况和与灯具的控制连接情况，如图 5.2.32 所示。如果灯具较多，也可以通过编号的方式来表示线路的连接。

"一联""二联""三联""四联"开关，指的是开关面板上有多少个开关按钮，有几个就是几联;"单控"和"双控"指的是一条灯具线路由几个开关来控制,例如,厨房的灯就只有一个开关控制,就是单控开关;而房间的吸顶灯,可以由房门入口开关和床头柜上开关共两个开关控制,那么这两个开关就要使用双控开关。合理设置双控开关能更加便利,例如,除房间可以这样设置外,客厅的灯可以由大门玄关处一个开关和进房间的过道一个开关来控制等。

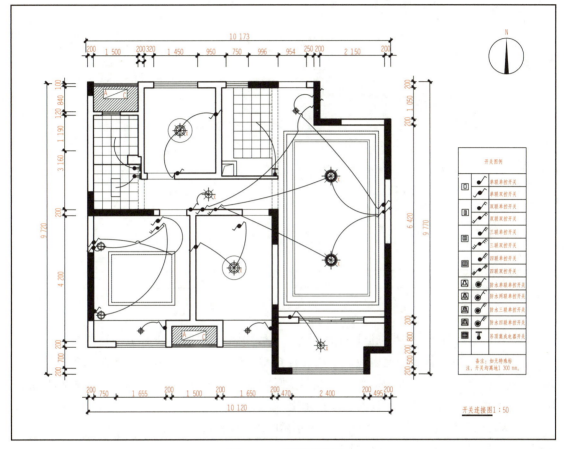

图 5.2.32　开关连线图

(3)配电系统图。配电系统图属于电气图纸的内容,通常是工装项目才需要绘制此图(需要图审的工程都需要绘制此图),通过符号和代号来表示配电箱中的线路系统情况。如图 5.2.33 所示为某工装项目的配电系统图。

因为配电工程涉及的方面太多,所以看懂一张配电系统图也很不容易,需要学习许多的配电知识及各种电气符号。下面针对一条配电系统线路初步了解其含义:L1.N.PE BM65-63/1P-C16A W1:ZR-BV-3×2.5-PVC20-CC,WC。

1)L1.N.PE:我国民用建筑配电一般采用三相五线制,分别为三根火线(A、B、C)、一根零线(N)、一根安全接地线(PE);在图纸中,三根火线又分别对应:A-L1、B-L2、C-L3。相间电压差为380V,相零电压差为220V。居民生活用电一般一根火线加一根零线来使用,所以,我国居民生活用电电压为220 V。

2)BM65-63:北京北元电气断路器产品型号。

· 211 ·

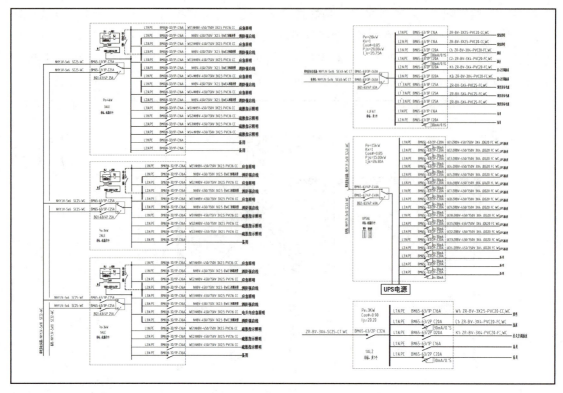

图 5.2.33　某工装项目配电系统图

3）/1P：断路器级数。我国居民生活用电，一般用 2P 作总闸，1P 作分线路电闸。

4）C16A：16 A 代表额定电流。常用的有 6 A、10 A、16 A、20 A、25 A、32 A、40 A、50 A、63 A、80 A、100 A 等。要根据线路实际承载来选择相应的电流数，太小影响日常使用（经常跳闸），太大则起不到安全保护作用。

5）W1：W 表示照明线路。另外，C 表示插座线路、K 表示空调线路。

6）ZR-BV：阻燃布线用绝缘铜芯电线。

7）3×2.5：3 根 2.5 mm^2 的电线，即火线、零线和地线。

8）PVC20：直径为 20 mm 的 PVC 电线套管。

9）CC，WC：电线的铺设方式。DB 直埋，TC 电缆沟，BC 暗敷梁内，CLC 暗敷柱内，WC 暗敷墙内，CE 沿天花顶敷，CC 暗敷顶楼板内，SCE 暗敷吊顶内，FC 暗敷地板下，SR 沿钢索，WE 沿墙明敷（明装），CT 沿桥架内敷。

（4）水路布置图。水路布置图在地面平面图中表示。通过符号和线条表达供水管道（冷、热水）和用水节点的位置和走向。具体内容包括总水阀、热水器、冷水节点、热水节点、冷热水线路等。需要注意的是，冷水的起点在总水闸、热水的起点在热水器；不是所有的地方都有冷热水，例如，蹲便器和拖把池往往只有冷水不接热水，但是智能坐便器可以接热水，如图 5.2.34 所示。

（5）下水布置图。在地面平面图中表示。通过符号和线条表达下水管位置和管道走向。具体包括下水管位置、地漏位置、排污口位置、下水管线等，如图 5.2.35 所示。两张水路图都要配有准确的图例说明。

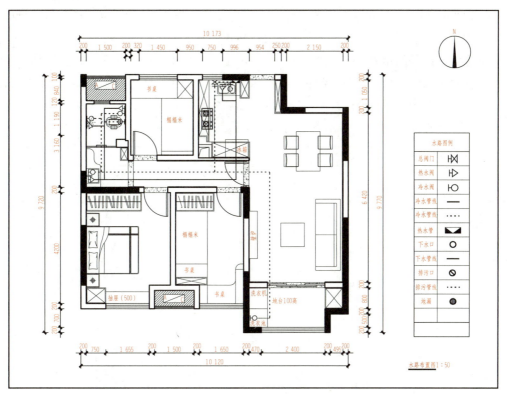

图 5.2.34　水路布置图

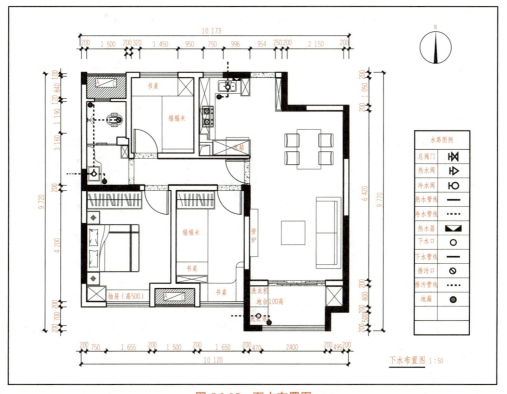

图 5.2.35　下水布置图

（6）水路系统图。与配电系统图一样，本图也属于建筑施工图的一部分，在较大型室内装饰项目中也需要绘制，是通过符号和线条表达建筑内给水排水管道、给水排水附件、卫生器具、升压和储水设备的相关情况。如图 5.2.36 所示是一个行政楼装修项目中的卫生间给水排水系统图，通过平面图和轴测图相结合的方式将水管线路、管道规格和用水节点与存水弯等信息进行准确表达。其中 DN 为公称直径，是一种中径规格，一般用于给水管（因为给水管管壁较厚）；De 表示外径，一般用于排水管。

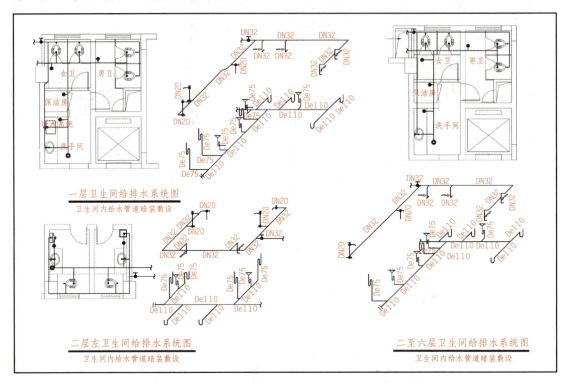

图 5.2.36　某行政办公楼卫生间给排水系统图

以上就是平面图部分的基本内容，由于教学的方便，分成地面、天花和水电三个部分。但是具体的编制顺序上会有所交替，一般情况下顺序如下：平面布置图—原始建筑图—拆建墙布置图—改建后墙体尺寸图—平面布置图（含详细注释）—家具尺寸图—地面铺贴图—插座布置图—天花布置图—天花剖面图—灯具定位图—开关连线图—水路布置图—下水布置图—立面索引图。

5.2.3　立面图部分

如前所学，平面图部分已经包含了室内装饰工程的大量信息，但是空间是立体的，只有平面图还不能够全面反映空间装饰装修做法的全部情况，还需要有针对墙面装饰做法的详细图示，即室内装饰立面图。

1. 基本概念

通过立面图的绘制进行空间尺度和比例的控制，清楚地反映出室内立面装修构件的做法、尺寸、材料、工艺等，满足材料物资的组织和施工的技术要求。

绘制立面图的依据是平面图、立面设计细节和原建筑尺寸、现场复核的门窗、墙柱、垂直管道、消防设施、暖气片等测量资料。

2. 识读与绘制

（1）室内立面图可根据其空间尺度及所表达内容的深度来确定其比例。常用比例为 1∶25、1∶30、1∶40、1∶50 等。

（2）通常，室内立面展开图要表达的范围宽度是各界面自室内空间的左墙内角到右墙内角；高度是自地平面至天花板底的距离。由于一般建筑物的室内空间至少有四个面，为了有序地把这些界面通过图形加以表达，通常习惯假设站在室内空间的中央并以顺时针方向看，则东面（3点钟）为 A 立面方向；南面（6点钟）为 B 立面方向；西面（9点钟）为 C 立面方向；北面（12点钟）为 D 立面方向。通常一个独立空间（如客厅、卧室、厨房、卫生间等）都有四个面，如遇到不规则的室内空间则不受此限（不规则空间参考图 5.2.12 的右侧图示）。

（3）由于所有的独立空间都是 A（东）、B（南）、C（西）、D（北）四个面，因此可以进一步将空间编号，如客厅餐厅的四个立面为 A1、B1、C1、D1，主卧室的四个面为 A2、B2、C2、D2，这样每个面都有自己独立的图名编号。

（4）立面图本身有了编号，那去哪张图纸上找到并查看这些立面图呢？这就要使用到立面索引系统。请大家仔细对照图 5.2.27 立面索引图，在立面索引符号中，圆圈的上半部分编号为图号，下半部分编号则是该图所在的图纸的编号，而图纸的编号在图框的右下角（因为图册左边用于装订，右边则适合翻阅）。例如，客餐厅的东立面图的图号为 A1，所在图纸为 L-1。而在立面图纸中，立面图的图名标志符号同样也是一分为二，上半部分编号为图号，下半部分编号则是该图索引位置所在的图纸的编号，如图 5.2.37 所示，客餐厅的东立面图的图号为 A1，其索引位置所在图纸为 P-15。这样就形成了相呼应的索引关系，方便施工人员快速查找图纸、对照观看。

图 5.2.37　立面图索引关系

（5）立面图绘制，第一步是绘制墙面轮廓，根据平面尺寸和测量出的层高尺寸（包括梁的尺寸）绘制出本面墙的外轮廓，以及相关的门窗洞口；第二步就是立面设计，一般来说，先进行固定的构件如门窗、壁橱、墙柱、暖气罩、墙裙、墙面装饰装修、地脚线、天花角线等固定的装修设计，其次进行大构造的设计，如电视背景墙、卧室背景墙等，最后进行细节和陈设物品的设计，如壁灯、开关、窗帘、配画等设计。对于有铺装分格要求的面如面砖的分格、玻璃的分格、装饰物的分格等，都要按实际铺装分格绘制。

（6）立面图要不要绘制家具呢？一般来说，家具与墙有一定距离且与墙面装饰构造无直接关联，就不需要绘制家具；如果家具靠在墙上，或者是墙面构造的一部分，就一定要绘制家具。但有时候为了更好地表达空间功能，不需要绘制家具的情况下也可以绘制家具，但是要使用虚线。

（7）图形内容绘制完成以后，就根据需要进行尺寸标注和文字注释。文字注释建议使用分层注释法，可以尽量减少引出线的数量；要注意同类材料编号和标注文字是否统一，是否与材料表一致。而尺寸标注在深化设计中可以细致到地面完成面和顶面完成面的注明，如图 5.2.38 的左侧所示。

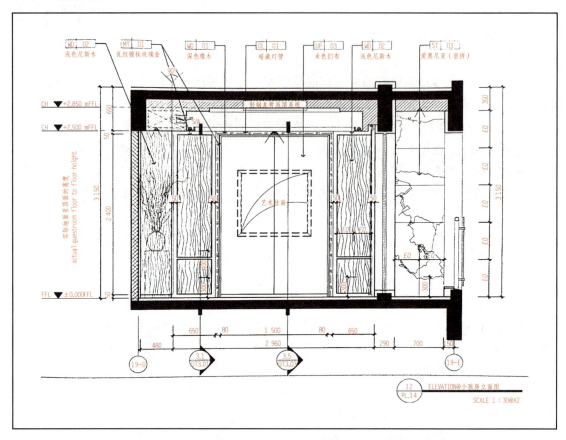

图 5.2.38　立面图尺寸标注注明实际地面到顶面的高度

（8）立面图是否需要绘制墙体和楼板的剖面厚度呢？绘制可以显得更加完整，如图 5.2.38 所示，图中就绘制了墙体和楼板的剖面，填充黑色的部分表示楼板和梁的钢筋混凝土材质。但是也可以只绘制内墙单线轮廓，如本案例立面图所示。

3．教学案例

承接平面图教学项目，该案例立面图部分汇总如下（图 5.2.39～图 5.2.50），要配合平面图部分进行识读和查看，同时要注意几个问题：

（1）本案例立面图均配有相应位置的平面局部参考，方便施工方对照查看。

（2）本案例立面图墙面轮廓采用单线画法（地面线为粗线，另外三条轮廓线为中粗线），没有绘制地面和墙体剖面厚度。同学们在临摹绘制的过程中，可以尝试绘制有墙体和楼板厚度的画法。

微课：立面图案例

（3）另外，本案例立面图中还包含有定制家具的轴测详图，清楚表达了定制家具的造型、做法和尺寸。

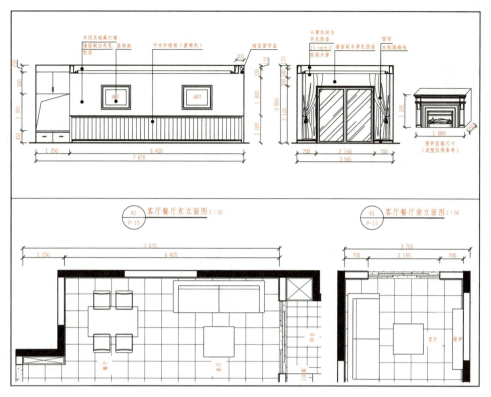

图 5.2.39 客餐厅东、南立面图

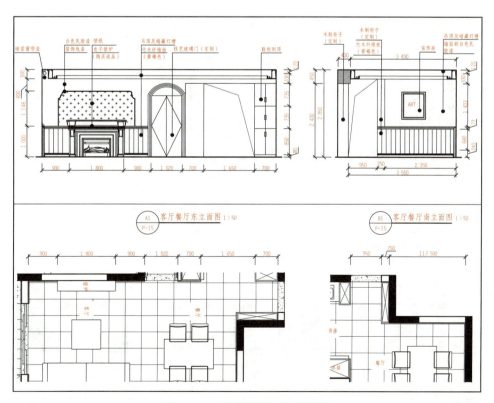

图 5.2.40 客餐厅西、北立面图

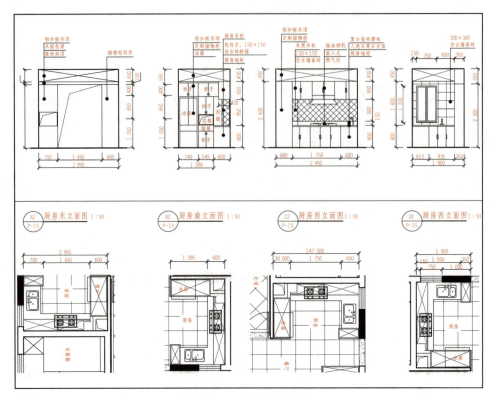

图 5.2.41 厨房立面图

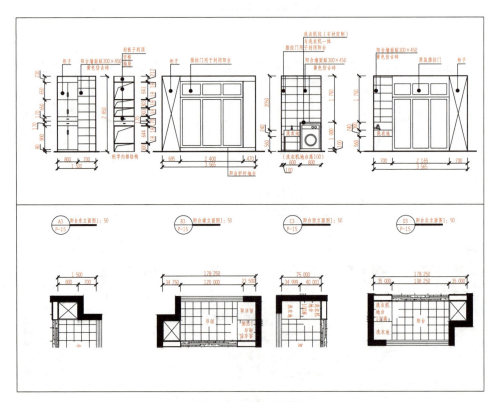

图 5.2.42 阳台立面图

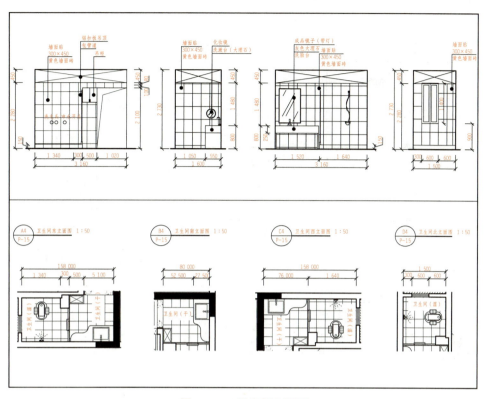

图 5.2.43 卫生间立面图

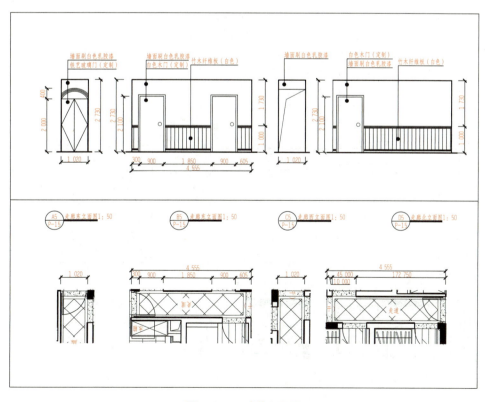

图 5.2.44 过道立面图

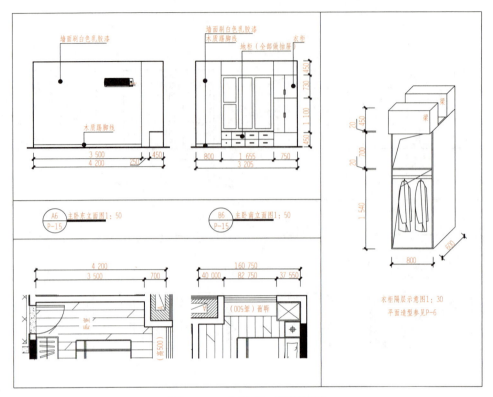

图 5.2.45 主卧东、南立面图

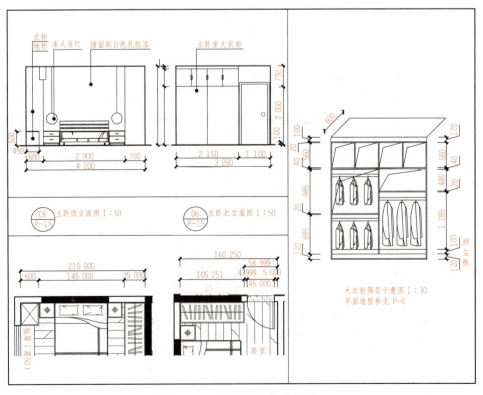

图 5.2.46 主卧西、北立面图

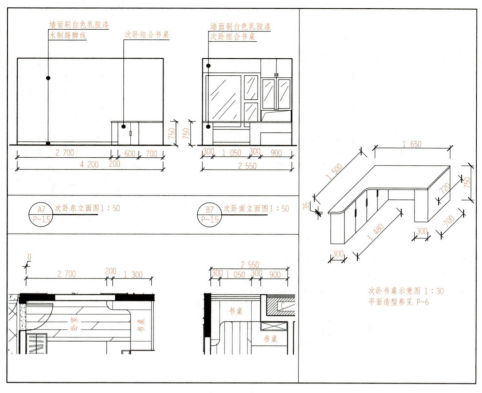

图 5.2.47 次卧东、南立面图

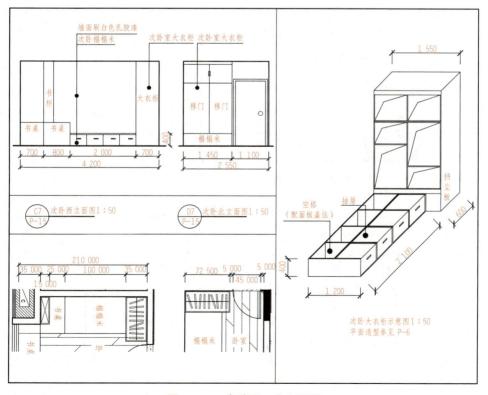

图 5.2.48 次卧西、北立面图

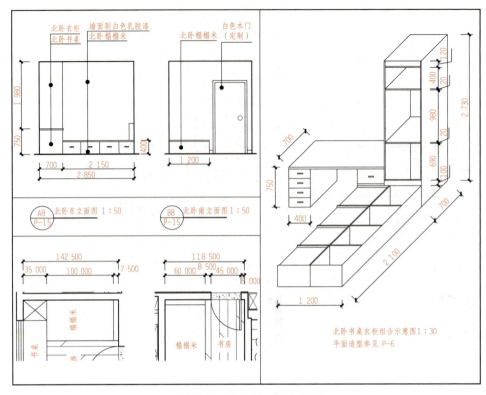

图 5.2.49 北卧东、南立面图

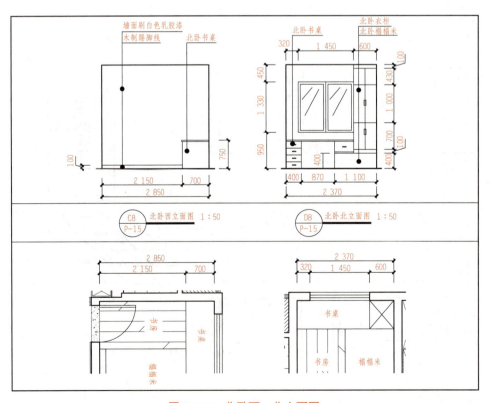

图 5.2.50 北卧西、北立面图

以上就是本项目案例立面图部分的全部内容。

5.2.4 节点大样详图部分

1. 基本概念

节点详图部分是室内施工图绘制中难度最高的部分，一套装饰工程施工图纸的深化程度往往就取决于节点详图的完整性、细节性和准确性。很多室内设计从业人员工作多年以后可以很好地绘制平面图和立面图，但是无法深入绘制节点图，其原因在于对材料和工艺的不了解，对施工过程和做法的不熟悉，因为节点详图表现的就是最直接的材料构造和工艺做法。

微课：节点大样详图

具体来看，"节点大样详图"是一个统称，包括装修细部的局部放大图、剖面图、断面图、结构做法，或是某一特定纹样的放大、某一家具的立体图等图纸。由于在装修施工中常有一些复杂或细小的部位，在以上所介绍的平面图、立面图中难以表达或未能详尽表达时，则需要使用经过放大或带有剖切效果的节点详图来表示该部位的形状、结构、材料名称、规格尺寸、工艺要求等。

一方面，有很多装饰构造的做法是统一的、标准化的，这一类就称为"通用节点"，如暗装窗帘盒、门窗套等，可以在设计手册中（如标准图册或通用图册）或本公司的制图标准中会有相应的通用节点详图可套用。但是所运用的通用节点图也需要编制在本项目的施工图册中供施工方查阅。

另一方面，由于室内装修设计往往具有鲜明的个性，加上装修材料、工艺做法的不断推陈出新，以及设计师的独特创意、地域的不同施工习惯和材料使用等，这一类的构造做法就不能简单套用标准化的节点详图，需要专门进行绘制。一个工程具体需要画多少详图、画哪些部位的详图要根据设计情况、工程大小及复杂程度而定。

相对于平、立、剖面图的绘制，节点大样详图具有比例大、细节丰富、尺寸标注详尽、文字说明全面的特点。

2. 识读与绘制

（1）工艺逻辑。前面提到，绘制节点详图之所以难，根源在于工地经验不足、对材料和工艺的理解不深。所以，如果能对室内装饰工程的施工工艺有一个逻辑上的把握，再带着这种逻辑去不断积累，就一定能有较快的进步。室内装饰工程的工艺做法核心在于力学原理。而力学原理可以概括为以下两大类：

1）物理力学：表面可以被破坏或可以修复的施工对象，可以通过物理力进行构造，如榫卯、钉子、螺钉等。

2）化学力学：表面不可以被破坏的施工对象，可以通过化学力进行构造，如结构胶、白乳胶等。

通过这样的逻辑分析，可以更好地理解绝大部分的构造做法，而不需要死记硬背。例如，大理石饰面—不能被破坏—化学力构造—云石胶+结构胶；再如，暗装窗帘盒—能被破坏—物理力构造—枪钉直接连接；而有的构造是综合性的，如轻钢龙骨纸面石膏板吊顶—能被破坏，但是又强调黏结性—物理力+化学力—石膏板用自攻螺钉在副龙骨上+石膏板之间用白乳胶黏结+表面刮腻子刷乳胶漆。

当然,这只是一种思考逻辑,可以帮助人们更好地归纳和理解材料工艺与构造做法,但是仅有这个理解还不能准确地绘制节点详图,还需要积累大量的关于材料和工艺的经验,需要对材料性能、规格、构造做法有深刻的了解,这是一个长期积累的过程,没有捷径可走。如图 5.2.51 所示某酒店项目大堂的天花部位节点图,仔细观察可以看出,如果没有对材料规格、没有对天花吊顶结构做法的准确把握,是没有办法绘制这样细致深化的节点图的。

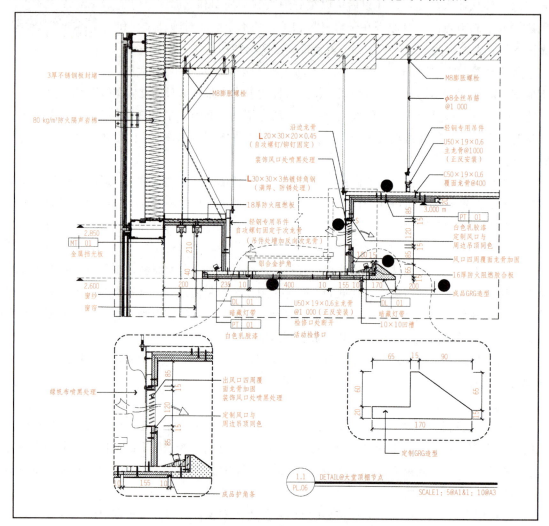

图 5.2.51　某酒店大堂天花节点图

(2)基本内容。节点详图通常要包括:详细的材料标注(图例、名字);构造和工艺(各界面的衔接方式、各界面的收口方式);详细的细部尺寸;注意图线粗细等。

具体要绘制的图示应该包括墙面构造;柱面构造;天花构造;楼梯构造;特殊的门、窗、隔断、暖气罩和顶棚等建筑构配件详图;服务台、酒吧台、壁柜、洗面池等固定设施设备构造;水池、喷泉、假山、花池等造景构造;专门为该工程设计的家具、灯具详图等。绘制内容通常包括纵横剖面图、局部放大图和装饰大样图，所以统称为"节点大样详图"。

3．教学案例

承接本模块教学项目，该案例节点图只有一张，即天花剖面图（图 5.2.52），要配合本案例的天花布置图（图 5.2.28）进行识读和查看。要注意以下几个问题：

（1）在天花布置图（图 5.2.28）中要找到节点详图的索引符号，符号圆圈内上半部分编号为详图编号，分别是 1 号和 2 号节点详图；符号圆圈的下半部分为详图所在的图纸编号，是 P-10 号图纸。另外，索引符号的引出线清楚地表明了剖切位置和观看方向。因此，1 号图和 2 号图是带有剖切效果的节点详图。

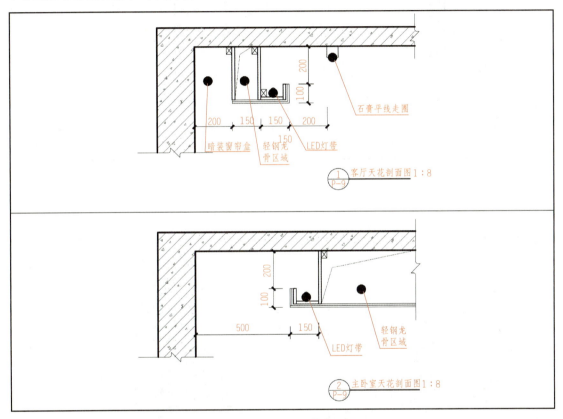

图 5.2.52　P-10 天花剖面图

（2）找到 P-10 天花剖面图（图 5.2.52），就可以看到这两张天花剖面图，分别是客厅的天花位置（剖切到了窗帘盒）和主卧室的天花位置，可以通过图示看到吊顶的具体做法和准确尺寸，以及相关的文字说明。在节点详图的图名符号中，上半部分编号为详图编号，分别是 1 号和 2 号节点详图；符号圆圈的下半部分为详图索引位置所在的图纸编号，是 P-9 号图纸，这就形成了相呼应的索引关系。这与立面图索引的方法是一致的。关于节点详图索引符号的更多用法，请复习图 1.1.16 和图 5.2.13。

节点详图教学案例，请扫码下载（提取码：g7kk）

4．补充节点详图案例

下面列举一部分常见装饰构造的节点详图（图 5.2.53～图 5.2.62），请大家仔细识读、尝试临摹，并且在生活中留意这些构造部位，观察其材料运用和工艺做法。

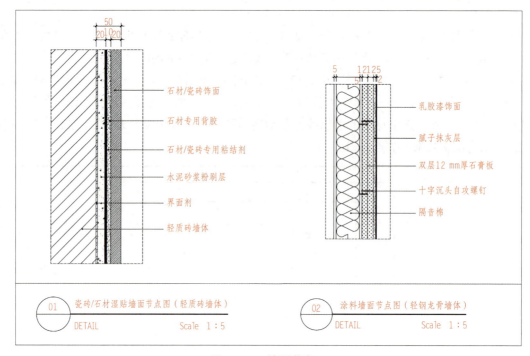

图 5.2.53　墙面节点 1

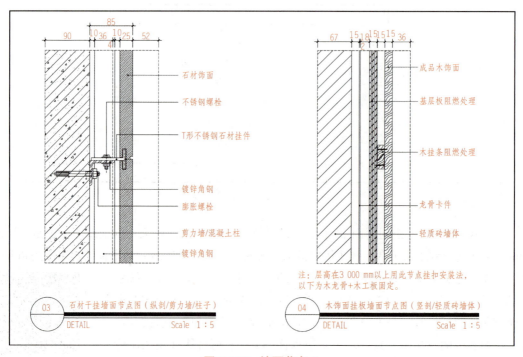

图 5.2.54　墙面节点 2

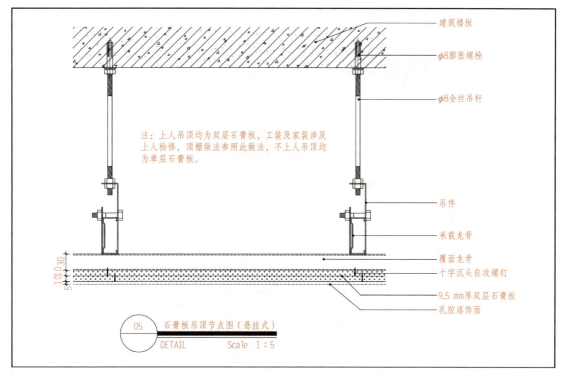

图 5.2.55　天花节点 1

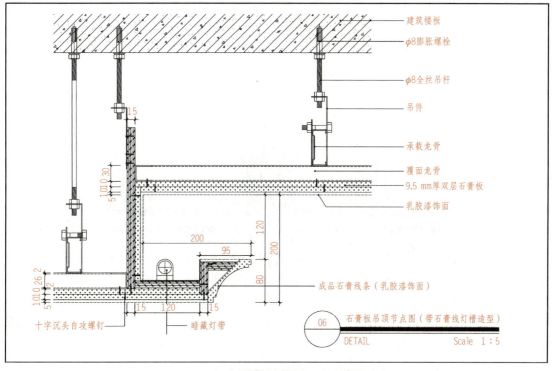

图 5.2.56　天花节点 2

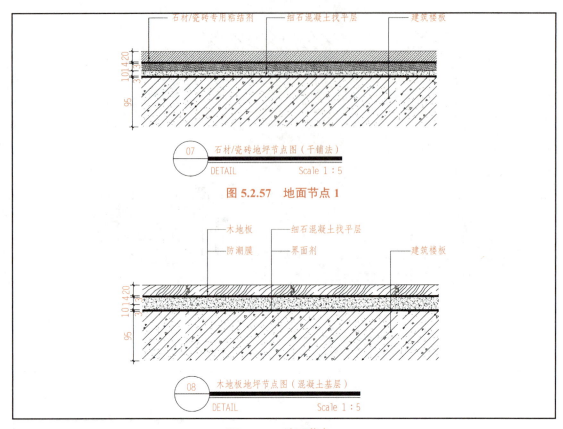

图 5.2.57　地面节点 1

图 5.2.58　地面节点 2

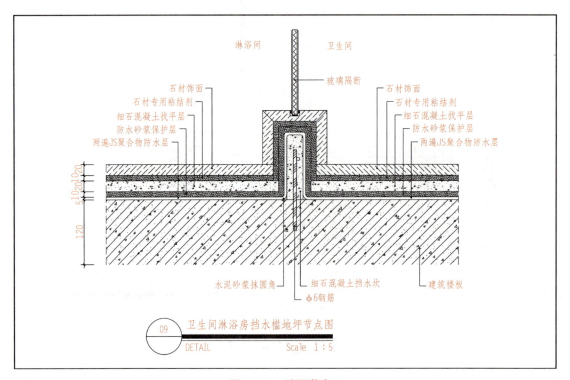

图 5.2.59　地面节点 3

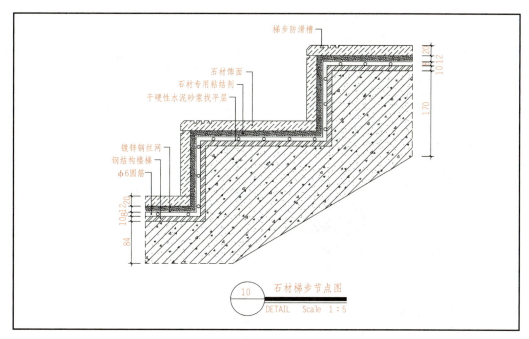

图 5.2.60 地面节点 4

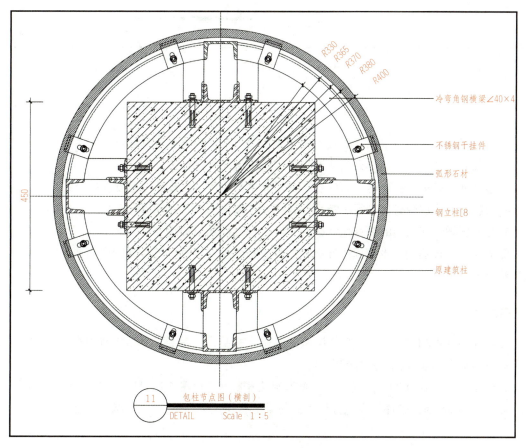

图 5.2.61 包圆柱节点

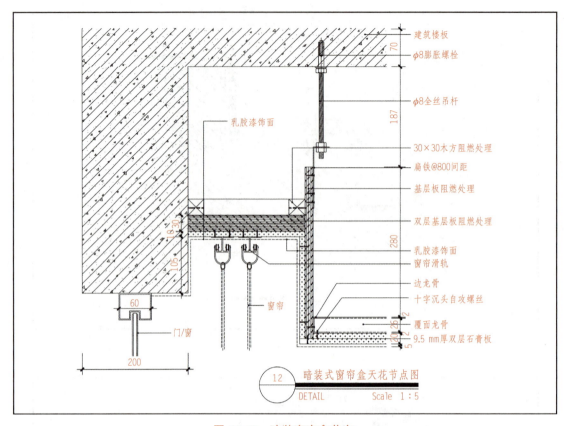

图 5.2.62 暗装窗帘盒节点

思考与总结

1. 室内装饰施工图一般包含哪几个大的图示类型，每种类型有哪些具体图示？
2. 平面布置图主要表达什么内容？它与建筑平面图有什么区别？
3. 楼地面铺装图主要表达什么内容？在填充地面材质的时候要注意哪些要点？
4. 天花平面图部分有什么图示特点？有哪两张具体图示？之间有什么异同？
5. 立面图识读和绘制的要点是什么？如何进行立面索引和编号？
6. 节点大样详图的基本原理是什么？如何进行索引？要画好节点详图应该要从哪几个方面入手和提高？

课后练习

1. 使用 AutoCAD 软件，在充分识读的基础上根据尺寸完整临摹 5.2 节的教学案例——海亮天城某雅居室内装饰施工图全部图纸。
2. 使用 AutoCAD 软件，在充分识读的基础上根据尺寸临摹 5.2.4 节的补充节点详图案例。
3. 使用 AutoCAD 软件，在充分识读的基础上根据尺寸临摹 5.3 节的实训案例。

评价反馈

1. 学生自我评价及小组评价
（1）是否理解和熟识室内装饰工程施工图的基本内容与作用意义？□是 □否
（2）是否理解和掌握室内装饰工程施工图基本图示的绘制步骤与画法要点？□是 □否
（3）是否明确提升施工图绘制技能的方法和途径？□是 □否
参评人员（签名）：_____
2. 教师评价
教师具体评价：
评价教师（签名）：_____　　　　　　　　　　　　　年　月　日

知识面拓展

测量自己家的户型，使用 AutoCAD 软件绘制成建筑平面图，在此基础上做一个室内设计方案，并尝试绘制一套完整的室内装饰施工图纸。

5.3　室内装饰工程制图实训案例

基于深度校企合作，以下全部案例均来自九艺三星装饰、南工深化设计等校企合作单位的实际落地项目，既有家装项目，也有工装项目。内容包含项目全部施工图、效果图，更配有整个施工过程的工地实拍，包含大量材料图片和构造工艺做法，不但可以极大地提高对项目施工图图示内容和作用的理解，更可以与《装饰材料》《装饰构造》和设计实训类课程进行深度融合与衔接。

由于篇幅的关系，以下所有案例资料均以扫描二维码的形式提供完整内容下载，供大家学习使用。

5.3.1　家装实训案例——普通套房

南工深化设计实际落地项目，面积为 150 m²，现代简约风格。

家装实训案例——普通套房，请扫码下载（提取码：**n4aj**）

5.3.2　家装实训案例——大平层

九艺三星装饰实际落地项目两套，面积均为 270 m²，分别是现代高级风格和新中式风格。

工装实训案例——精品酒店，请扫码下载（提取码：bfxd）

5.3.3　家装实训案例——别墅

九艺三星装饰实际落地别墅项目两套，面积均为 450 m²，分别是现代轻奢风格和新中式风格。

家装实训案例——别墅，请扫码下载（提取码：ur8y）

5.3.4　家装实训案例——样板间

南工深化设计样板间完整设计资料一套，现代简欧风格。

家装实训案例——大平层，请扫码下载（提取码：gtmq）

5.3.5　工装实训案例——精品酒店

南工深化设计及广东亚泰建筑设计院公司实际落地酒店各一套，现代简约风格。

家装实训案例——样板间，请扫码下载（提取码：wya3）

参 考 文 献

[1] 中华人民共和国住房和城乡建设部.GB/T 50001—2017 房屋建筑制图统一标准[S].北京：中国建筑工业出版社，2017.

[2] 何斌，陈锦昌，王枫红.建筑制图[M].8版.北京：高等教育出版社，2020.

[3] 陈美华.等.建筑制图习题集[M].7版.北京：高等教育出版社，2013.

[4] 曾传柯，雷翔.室内设计制图[M].南昌：江西高校出版社，2012.

[5] 王冲，李坤鹏.室内装饰施工图设计规范与深化逻辑[M].北京：中国建筑工业出版社，2019.

[6] 赵鲲，朱小斌，周遐德.室内设计节点手册：常用节点[M].2版.上海：同济大学出版社，2019.

[7] 高铁汉，杨翠霞.设计制图[M].沈阳：辽宁美术出版社，2014.

[8] 曾赛军，胡大虎.室内设计工程制图[M].南京：南京大学出版社，2011.

[9] 周雅南，周佳秋.家具制图[M].2版.北京：中国轻工业出版社，2016.

[10] 彭亮.家具设计与制造[M].北京：高等教育出版社，2008.

[11] 金方.建筑制图[M].3版.北京：中国建筑工业出版社，2018.

[12] 杜廷娜，蔡建平.土木工程制图[M].3版.北京：机械工业出版社，2021.

[13] 张英，郭树荣.建筑工程制图[M].3版.北京：中国建筑工业出版社，2012.

[14] 赵晓飞.室内设计工程制图方法及实例[M].北京：中国建筑工业出版社，2007.

[15] 霍维国，霍光.室内设计工程图画法[M].3版.北京：中国建筑工业出版社，2011.

[16] 留美辛.室内设计制图讲座[M].北京：清华大学出版社，2020.

[17] 孙元山.室内设计制图[M].沈阳：辽宁美术出版社，2011.

[18] 高祥生.《房屋建筑室内装饰装修制图标准》实施指南[M].北京：中国建筑工业出版社，2011.

后 记

本书依托长期的教学实践，通过与行业密切合作进行基于工作过程和真实工作内容的开发与编写。在目标上以学生综合职业能力的培养为主线，培养学生能够结合工程实际查阅有关建筑规范、建筑图集、室内装饰构造图册等资料，能够读懂建筑施工图和室内装饰施工图，能够根据项目信息准确、高效地绘制建筑施工图和室内装饰施工图的能力；教授具体的图纸内容，更传递识图、制图的普遍方法和正确技能，从而培养学生自主学习新技术、新知识的能力，以应对今后不断发展变化的工作需求；最终，培养学生良好的职业素养和工作能力。

在装饰工程制图课程的学习中，我们感悟了不积跬步无以至千里的道理，一套复杂细致的施工图纸是由一根一根的线条组成的；识图与制图的职业能力，也是一个一个日夜的勤奋练习造就的。我们也明白了精益求精、严谨细致的工作态度是多么重要，因为施工图中即使一根小小的线条也往往有重要的作用和意义，一根线条的错误，有可能就会导致严重的施工问题。这些理解和感悟无比宝贵，可以帮助我们在今后的职业生涯中走得更稳、走得更远。

再次感谢各位编写老师的辛勤付出、各位专家的悉心帮助和出版社编辑们的用心协助！也希望与使用本书的老师和同学们一起学习、一起成长、一起进步！